ステップ アップ
大学の**無機化学**

齋藤勝裕・長尾宏隆 共著

LET'S STEP UP!

裳華房

Step Up !

Inorganic Chemistry for College Students

by

Katsuhiro Saito　Dr. Sci.
Hirotaka Nagao　Dr. Sci.

SHOKABO

TOKYO

刊 行 趣 旨

　「ステップアップ」を書名に冠した化学の教科書を刊行する。「ステップアップ」とは，目標を立てて階段を一段ずつ着実に登り，一階あがるごとに実力を点検し，次の目標を立てて次の階段に臨み，最後には目的の最上階に達するというものである。その意味で本書はJABEE（日本技術者教育認定制度）の精神に沿った教科書ということができよう。

　本書はおおむね序章＋13章の全14章構成となっている。それは多くの大学の2単位分の講義が，14回の講義と15回目の試験から構成されていることを考えてのことである。

　講義開始のとき，学生は講義名を知っていても，その内容までは詳しく知らないことが多い。これは1回ごとの講義においても同様である。そこで本書では，最初に「序章」を置き，その本全体の概要を示すことにした。序章を読むことで学生は講義全体のアウトラインを掴むことができ，その後の勉強の方針を立てることができよう。また各章の最初には「本章で学ぶこと」を置き，その章の目標を具体的に示した。そして各章の終わりには「この章で学んだこと」を置き，講義内容を具体的に再確認できるようにした。

　本文の適当な箇所に「発展学習」を置いたことも本書の特徴の一つである。発展学習について図書館などで調べ，あるいは学友とディスカッションすることによって，実力と共に化学への興味が増すものと期待している。

　そして各章の最後には演習問題を置き，実力の涵養を図った。各章を終えたときにはその章の内容をほぼ完璧な形で身につけることができるものと確信する。

　このように，常に目標を立てて各ステップに臨み，一段階を達成した後には反省と点検を行い，その成果を土台として次のステップに臨むという学習態度は，まさしくJABEEの精神に一致するものと考える。

　本書は記述内容とその難易度に細心の注意を払った。すなわち，いたずらに高度な内容を満載して学生を消化不良に陥らせることのないよう配慮した。また，必要な内容をわかりやすく，丁寧に説明することを最優先とした。文字離れ，劇画慣れが進んでいる現代の学生に合わせ，説明文は簡潔丁寧を旨とし，同時に親切でわかりやすい説明図を多用した。本書を利用する読者が化学に興味を持ち，毎回の講義を待ち望むようになってくれることを願うものである。

齋藤　勝裕・藤原　　学

まえがき

　本書は「ステップアップ」の趣旨に沿った書籍の一環をなすものであり，無機化学を扱うものである．本書は理学部，工学部だけでなく，医学部，歯学部，薬学部，教育学部，あるいは食品系学部等の教科書として最適なものである．

　「無機化学」とは，無機化合物を扱う研究分野であるが，その研究対象は非常に多い．すなわち，地球の自然界に存在する元素は約 90 種類であり，無機化学はその全てを研究対象にするのである．

　本書は第 I 部「物質の構造」，第 II 部「酸・塩基と電気化学」，第 III 部「元素の化学」，第 IV 部「錯体の化学」からなる．

　第 I 部は自然界に存在する物質の本質と構造に関するものであり，原子の生成誕生とその構造，原子が離合集散して作る分子の結合，構造，さらにはその物性について説明してある．第 II 部は化合物の性質のうち，その根幹をなし，さらにそれらの反応性の本質となる酸・塩基，酸化・還元を扱った．余計なものを排して本質を端的にあぶり出す本書の手法は，今後の類書の手本になるものと自負している．第 III 部は 90 種に及ぶ元素の性質と反応性を解説したものである．ある意味で最も無機化学らしい研究領域であり，興味深い博物学的な領域を扱うものである．種々の元素の示すいろいろな性質は興味の尽きないところであろう．第 IV 部は錯体の構造と物性，反応性を扱ったものである．かつては生命体 = 有機化学，非生命体 = 無機化学というすみ分けがあった．このような考えは今や消滅しつつある．錯体化学の発展により，生命活動の本質には錯体化学が深く関わっていることが分かってきた．現在の錯体化学は，化学において重要な領域となっている．本部では，そのような錯体化学の基礎と将来像を提示する．

　本書はこれらの広範な内容をバランスよく選定し，過不足なく説明してある．説明はやさしくわかりやすいことを第一としているが，文章は簡潔をこころがけた．いたずらに長い文章にして，文字離れの進んだ学生に無用の負担を掛けないようにするためである．その分，丁寧でわかりやすい説明図を多用した．学生は豊富な説明図を眺め，簡潔な説明文を読むことによって，感覚的な意味でも理解を増すものと確信する．

　本書を利用した読者の皆さんが化学の面白さを発見し，化学に興味を持ってくださったら著者として望外の喜びである．最後に，本書刊行に並々ならぬ努力を払ってくださった裳華房の小島敏照氏に感謝申し上げる．

2009 年 8 月

著 者 一 同

目次

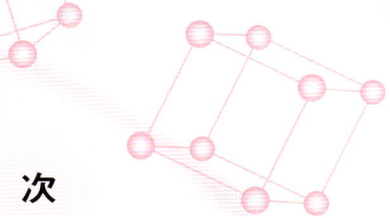

●序章　はじめに●

0・1　原子構造 …………………… 1
　0・1・1　原子と元素 ……………… 1
　0・1・2　原子構造 ………………… 1
　0・1・3　原子の電子構造 ………… 2
0・2　周期表 ……………………… 2
　0・2・1　周期表 …………………… 2
　0・2・2　周期性 …………………… 2
0・3　結合と分子 ………………… 4
　0・3・1　結合 ……………………… 4
　0・3・2　分子 ……………………… 4
0・3・3　化学反応 ………………… 5
0・4　酸・塩基と酸化・還元 …… 5
　0・4・1　酸・塩基 ………………… 5
　0・4・2　酸性・塩基性 …………… 6
　0・4・3　酸化・還元 ……………… 6
0・5　分子間の結合 ……………… 6
　0・5・1　水素結合 ………………… 6
　0・5・2　配位結合 ………………… 7
演習問題 …………………………… 8

●第Ⅰ部　物質の構造●

●第1章　原子構造●

1・1　原子核と電子 ……………… 9
　1・1・1　原子構造 ………………… 9
　1・1・2　原子の大きさ …………… 9
　1・1・3　原子の電荷 ……………… 10
1・2　原子番号と原子量 ………… 10
　1・2・1　原子を作るもの ………… 11
　1・2・2　原子番号と質量数 ……… 11
　1・2・3　同位体 …………………… 11
　1・2・4　アボガドロ数 …………… 12
　1・2・5　原子量 …………………… 12
1・3　軌道とエネルギー ………… 13
　1・3・1　電子殻 …………………… 13
　1・3・2　電子殻のエネルギー …… 13
　1・3・3　軌道 ……………………… 14
　1・3・4　軌道の定員とエネルギー … 15
　1・3・5　軌道の形 ………………… 16
1・4　電子配置と価電子 ………… 16
　1・4・1　電子スピン ……………… 16
　1・4・2　電子配置の約束 ………… 16
　1・4・3　電子配置 ………………… 16
　1・4・4　価電子 …………………… 18
演習問題 …………………………… 19

●第2章　周期表●

2・1　族と周期 …………………… 20
　2・1・1　族と周期 ………………… 20
　2・1・2　周期表と電子配置 ……… 22
　2・1・3　典型元素と遷移元素 …… 22
2・2　原子半径の周期性 ………… 22
　2・2・1　原子半径 ………………… 22
　2・2・2　原子半径の周期性 ……… 23
2・3　イオンと周期性 …………… 23
　2・3・1　イオンの価数 …………… 23
　2・3・2　イオン化エネルギーと電子親和力 …………………… 24
　2・3・3　電子親和力 ……………… 25

2・4　イオン化エネルギーの周期性……… 25
　　2・4・1　イオン化エネルギーの周期性…… 25
　　2・4・2　電気陰性度の周期性……………… 25
演習問題……………………………………… 27

● 第3章　結合と構造 ●

3・1　イオン結合と金属結合………………… 28
　　3・1・1　イオン結合…………………… 28
　　3・1・2　金属結合……………………… 29
　　3・1・3　金属結合の性質……………… 29
3・2　共有結合と結合電子雲………………… 29
　　3・2・1　水素分子……………………… 30
　　3・2・2　結合電子……………………… 30
　　3・2・3　結合のイオン性……………… 30
　　3・2・4　水素結合……………………… 31
3・3　混成軌動と分子構造…………………… 31
　　3・3・1　sp^3 混成軌道………………… 31
　　3・3・2　sp^3 混成軌道を用いる分子… 32
　　3・3・3　多重結合を含む分子………… 33
3・4　非共有電子対と配位結合……………… 34
　　3・4・1　アンモニウムイオン NH_4^+ … 34
　　3・4・2　ヒドロニウムイオン H_3O^+ … 35
　　3・4・3　N－B 結合…………………… 35
演習問題……………………………………… 37

● 第4章　結晶の構造と性質 ●

4・1　結晶と格子構造………………………… 38
　　4・1・1　物質の三態…………………… 38
　　4・1・2　単位格子……………………… 39
　　4・1・3　非晶質固体…………………… 39
4・2　結晶の種類……………………………… 41
　　4・2・1　イオン結晶…………………… 41
　　4・2・2　共有結合性結晶……………… 41
　　4・2・3　金属結晶……………………… 41
　　4・2・4　分子結晶……………………… 42
4・3　固体の電気的性質……………………… 42
　　4・3・1　伝導性………………………… 42
　　4・3・2　原子振動と伝導性…………… 43
　　4・3・3　超伝導………………………… 43
4・4　固体の磁気的性質……………………… 44
　　4・4・1　磁気モーメント……………… 44
　　4・4・2　磁性の種類…………………… 44
演習問題……………………………………… 46

第 II 部　酸・塩基と電気化学

● 第5章　酸・塩基と酸化・還元 ●

5・1　酸・塩基の定義………………………… 47
　　5・1・1　アレニウスの定義…………… 47
　　5・1・2　ブレンステッド-ローリーの定義
　　　　　　……………………………… 48
　　5・1・3　ルイスの定義………………… 48
　　5・1・4　酸・塩基の種類……………… 49
5・2　水素イオン濃度と酸・塩基解離定数
　　　　　　……………………………… 49
　　5・2・1　水の解離……………………… 50
　　5・2・2　水素イオン指数……………… 50
　　5・2・3　酸解離定数…………………… 51
5・3　酸・塩基の反応………………………… 51
　　5・3・1　中和…………………………… 51
　　5・3・2　塩の性質……………………… 52
　　5・3・3　HSAB 理論…………………… 52
5・4　酸化・還元と酸化数…………………… 53
5・5　酸化・還元と酸化剤・還元剤……… 54
　　5・5・1　酸化数と酸化・還元………… 54

5・5・2　酸素移動と酸化・還元 ……… 55
　　5・5・3　酸化剤・還元剤 ……………… 56
演 習 問 題 ………………………………… 57

第6章　電気化学

6・1　イオン化傾向と電子授受 …………… 58
　　6・1・1　イオン化傾向 …………………… 58
　　6・1・2　電子授受 ………………………… 58
6・2　化学電池の原理 ……………………… 59
　　6・2・1　半電池 …………………………… 60
　　6・2・2　起電力 …………………………… 60
　　6・2・3　化学電池 ………………………… 60
6・3　二次電池の原理 ……………………… 60
　　6・3・1　充電と放電 ……………………… 61
　　6・3・2　二次電池 ………………………… 61
6・4　燃料電池・太陽電池 ………………… 62
　　6・4・1　燃料電池 ………………………… 62
　　6・4・2　太陽電池 ………………………… 63
6・5　電気分解と応用 ……………………… 63
　　6・5・1　電気分解 ………………………… 63
　　6・5・2　電解メッキ（電気メッキ） …… 64
　　6・5・3　電解精製 ………………………… 64
演 習 問 題 ………………………………… 66

第Ⅲ部　元素の化学

第7章　1, 2, 12〜14族の性質と反応

7・1　1族の性質と反応 …………………… 67
　　7・1・1　水素の性質と反応 ……………… 68
　　7・1・2　アルカリ金属の性質と反応 …… 69
7・2　2族と12族の性質と反応 …………… 70
　　7・2・1　2族の性質と反応 ……………… 71
　　7・2・2　12族の性質と反応 ……………… 72
7・3　13族の性質と反応 …………………… 73
　　7・3・1　ホウ素の性質と反応 …………… 73
　　7・3・2　アルミニウムの性質と反応 …… 73
　　7・3・3　その他の元素 …………………… 74
7・4　14族の性質と反応 …………………… 75
　　7・4・1　炭素Cの性質 …………………… 75
　　7・4・2　ケイ素Si, ゲルマニウムGeの性質
　　　　　　 …………………………………… 76
　　7・4・3　スズSn, 鉛Pbの性質 ………… 77
演 習 問 題 ………………………………… 78

第8章　15〜18族の性質と反応

8・1　15族の性質と反応 …………………… 79
　　8・1・1　窒素の性質 ……………………… 79
　　8・1・2　リンの性質 ……………………… 80
　　8・1・3　ヒ素・アンチモン・ビスマスの性質
　　　　　　 …………………………………… 81
8・2　16族の性質と反応 …………………… 81
　　8・2・1　酸素の性質 ……………………… 81
　　8・2・2　硫黄の性質 ……………………… 82
　　8・2・3　セレン・テルル・ポロニウムの性質
　　　　　　 …………………………………… 83
8・3　17族の性質と反応 …………………… 83
　　8・3・1　フッ素の性質 …………………… 83
　　8・3・2　塩素の性質 ……………………… 84
　　8・3・3　臭素・ヨウ素・アスタチンの性質
　　　　　　 …………………………………… 84
8・4　18族の性質と反応 …………………… 84
　　8・4・1　ヘリウムの性質 ………………… 85
　　8・4・2　ネオン・アルゴンの性質 ……… 85
　　8・4・3　クリプトン・キセノン・
　　　　　　ラドンの性質 ………………… 85

演習問題 …………………………… 86

第9章 遷移元素の性質と反応

9・1 遷移元素の電子配置 …………… 87
　9・1・1 軌道エネルギーと原子番号 …… 87
　9・1・2 軌道エネルギーの逆転 ………… 88
　9・1・3 d軌道を含めた電子配置 ……… 89
　9・1・4 遷移元素の価電子 …………… 90
　9・1・5 dブロックとfブロック ……… 90
9・2 4〜6族の性質 ………………… 91
　9・2・1 4族の性質 …………………… 91
　9・2・2 5族の性質 …………………… 91
　9・2・3 6族の性質 …………………… 92
9・3 7〜9族の性質 ………………… 93
　9・3・1 7族の性質 …………………… 93
　9・3・2 8族の性質 …………………… 93
　9・3・3 9族の性質 …………………… 94
9・4 10, 11族の性質 ……………… 94
　9・4・1 10族の性質 ………………… 95
　9・4・2 11族の性質 ………………… 95
演習問題 …………………………… 97

第10章 希土類と放射性元素の性質

10・1 コモンメタルとレアメタル …… 98
　10・1・1 軽金属と重金属 ……………… 98
　10・1・2 貴金属と卑金属 ……………… 99
　10・1・3 コモンメタルとレアメタル …… 99
10・2 希土類の性質 ………………… 100
　10・2・1 スカンジウム・イットリウムの性質
　　　　　　　　　　　　　　　　 100
　10・2・2 ランタノイドの性質 ………… 100
10・3 放射性元素の性質 …………… 101
　10・3・1 原子核反応 ………………… 101
　10・3・2 核融合と核分裂 …………… 103
　10・3・3 連鎖反応 …………………… 103
10・4 原子炉と高速増殖炉 ………… 104
　10・4・1 核分裂反応 ………………… 104
　10・4・2 原子炉 ……………………… 105
　10・4・3 高速増殖炉 ………………… 105
演習問題 …………………………… 107

第IV部 錯体の化学

第11章 錯体の構造

11・1 錯体の種類 …………………… 108
　11・1・1 錯体の多様性 ……………… 109
　11・1・2 配位数と構造 ……………… 109
　11・1・3 異性体 ……………………… 110
11・2 混成軌道モデル ……………… 111
　11・2・1 原子価結合理論 …………… 111
11・3 結晶場モデル ………………… 112
　11・3・1 結晶場理論 ………………… 112
　11・3・2 結晶場分裂 ………………… 113
　11・3・3 電子配置 …………………… 113
11・4 分光化学系列 ………………… 114
　11・4・1 配位子場理論 ……………… 114
11・5 分子軌道モデル ……………… 115
　11・5・1 σ結合型分子軌道 ……………… 115
　11・5・2 π結合型分子軌道 ……………… 116
演習問題 …………………………… 117

第12章　錯体の性質と反応

12・1　錯体の色 …………………… 118
  12・1・1　d-d 遷移吸収帯 ……………… 119
  12・1・2　配位子吸収帯 ………………… 119
  12・1・3　電荷移動吸収帯 ……………… 119
12・2　錯体の磁性 ………………… 120
  12・2・1　磁化率 ………………………… 120
  12・2・2　強磁性相互作用と反強磁性
          相互作用 ……………………… 120
12・3　錯体の生成 ………………… 121
  12・3・1　錯体生成反応と安定度 ……… 121
  12・3・2　安定度に影響する要因 ……… 122
12・4　配位子置換反応 …………… 122
  12・4・1　反応機構 ……………………… 123
  12・4・2　トランス効果 ………………… 123
12・5　電子移動反応 ……………… 124
  12・5・1　電子移動反応の機構 ………… 124
  12・5・2　酸化還元電位 ………………… 124
演習問題 ……………………………… 126

第13章　生物無機化学

13・1　生体を構成する元素 ……… 127
  13・1・1　多量元素 ……………………… 128
  13・1・2　少量元素 ……………………… 128
  13・1・3　微量元素および超微量元素 … 128
13・2　生命活動と無機化学 ……… 128
  13・2・1　金属元素の酸化状態と配位構造
           ……………………………… 129
  13・2・2　生体分子への金属元素の
          取り込みと移動 ……………… 129
13・3　生体中の無機化合物 ……… 130
  13・3・1　鉄の化合物 …………………… 130
  13・3・2　亜鉛の化合物 ………………… 130
  13・3・3　その他の化合物 ……………… 131
13・4　地球環境と無機化学 ……… 131
  13・4・1　地球環境 ……………………… 131
  13・4・2　物質循環 ……………………… 132
  13・4・3　環境問題 ……………………… 132
13・5　グリーンケミストリーと無機化学
          …………………………………… 133
  13・5・1　グリーン・サステイナブル
          ケミストリー ………………… 133
  13・5・2　環境負荷軽減を目指した取り組み
           ……………………………… 134
  13・5・3　低環境負荷な反応プロセスの開発
           ……………………………… 134
演習問題 ……………………………… 135

演習問題解答 ………………………………………………… 136
索　引 ………………………………………………………… 143

序章

はじめに

● 本章で学ぶこと

　無機化学とは，無機化合物（無機物）の構造，性質，反応性について研究する学問である。無機化合物とは，生体に由来しない化合物という意味で，主に炭素と水素を扱う有機化学に対して，無機化学では全ての元素を研究対象にする。

　本章では無機化合物の性質，反応性を概観的に見て，その後の本論に備えるための予備知識を得ておくことにしよう。

0・1　原子構造

　宇宙は物質からできている。そして全ての物質は原子からできている。

0・1・1　原子と元素（図0・1）

　一定の体積と質量を持ったものを**物質**という。**原子**は体積と質量を持った物質である。したがって原子は1個，2個と数えることができる。

　それに対して"**元素**"は物質を指す言葉ではない。原子の集合を指す概念である。私という個人がいわば原子であるとすると，元素は"人間"あるいは"日本人"というように，ある集団を指す言葉である。したがって元素は数えることができない。

0・1・2　原子構造（図0・2）

　原子は雲でできた球のようなフワフワしたものである。したがって，どこまでを原子と考えればよいのかわからず，半径も決めにくいようなものである。

　球状の雲の中心には小さくて密度の大きな**原子核**があり，原子の質量

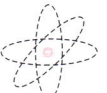

水素原子
物質

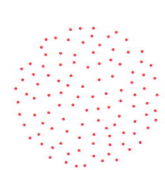

水素という元素
概念

図0・1　"原子"と"元素"

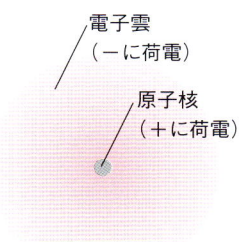

図 0・3 原子の構造

の 99.9 % 以上はここにある。原子核はプラスに荷電している。原子核は原子核反応を起こすものであり，原子炉のエネルギー源である。

0・1・3 原子の電子構造

原子の雲のように見える部分は何個かの電子からできた部分であり，**電子雲**と呼ばれる。電子はマイナスに荷電している。そして電子雲の電荷量と原子核の電荷量は絶対値が等しいので原子は電気的に中性となっている。

電子雲を構成する電子はいろいろのエネルギーを持っており，そのエネルギーによって原子の性質，反応性が決定される。そのため，化学は電子の科学といってもよい。

0・2 周期表

原子を原子番号の順にまとめた表を周期表という。

0・2・1 周期表

● 発展学習 ●
周期表にはどのような種類があるか調べてみよう。

原子には，原子核のプラス電荷の大きさによって決まる**原子番号**が決められている。原子を原子番号の順に並べると，周期的に似た性質の原子が現れることがわかる。このような性質の周期性がよく表されるように原子を配列した表を**周期表**という。

周期表はカレンダーのようなものである（図 0・3）。

カレンダーは 1 か月 30 日を月曜日，火曜日，というように七つのカラムに分けている。周期表では 18 のカラムに分けている。周期表の上部には 1～18 の番号が付いている。これを**族**という。族には固有の名前がついているものもある。

周期表の左端には 1～7 の番号が付いている。上から順に第 1 周期，第 2 周期… と呼ぶ。これはカレンダーの第 1 週，第 2 週に相当するものである。

0・2・2 周期性

月曜日は学校が始まるブルーデーであり，土曜日は休みが始まるハッピーデーである。というように，カレンダーでは曜日ごとの性格がある。

周期表でも同じである。1 族の元素はプラス 1 価のイオンになりやすく，2 族の元素はプラス 2 価のイオンになりやすいというように，族特有の性質がある。したがって，ある元素が何族に属するかがわかれば，その元素の性質はある程度予測できることになる。

	曜日 →					
週 ↓	SUN	MON	TUE	WED	THU	FRI	SAT
		1 元日	2	3	4	5	6
	7	8	9	10	11	12	13
	14	15 成人の日	16	17	18	19	20
	21	22	23	24	25	26	27
	28	29	30	31			

	族 →																	
周期 ↓		1	2	3	4	5	6	7	8	9	10	11	12	13	14	15	16	17	18
	1	H																	He
	2	Li	Be											B	C	N	O	F	Ne
	3	Na	Mg											Al	Si	P	S	Cl	Ar
	4	K	Ca	Sc	Ti	V	Cr	Mn	Fe	Co	Ni	Cu	Zn	Ga	Ge	As	Se	Br	Kr
	5	Rb	Sr	Y	Zr	Nb	Mo	Tc	Ru	Rh	Pd	Ag	Cd	In	Sn	Sb	Te	I	Xe
	6	Cs	Ba	La	Hf	Ta	W	Re	Os	Ir	Pt	Au	Hg	Tl	Pb	Bi	Po	At	Rn
	7	Fr	Ra	Ac															

第4周期

15族

図 0・3 カレンダーと周期表の共通点

原子の性質の中には，周期表の同じ周期を左から右へ移動するにつれて規則的に変化し，次の周期に移るとまた同じように規則的に変化するものがある。このようなものを**周期性**があるという。

例えば，同じ周期に属する原子ならば一般に左から右へ移動するにつれて半径が小さくなる。18族で最小になるが，原子番号が1増えて，次の周期に移るとまた急に半径が大きくなり，その後また前の周期と同じように漸減する（**図 0・4**）。

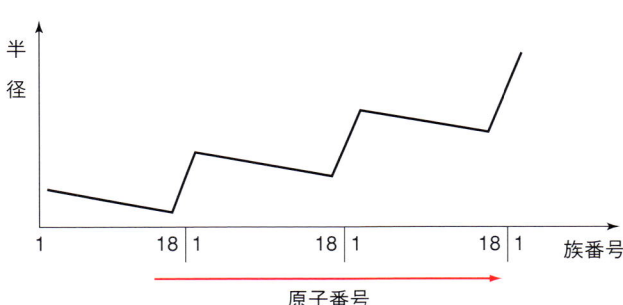

図 0・4 原子半径と原子番号の関係

0・3 結合と分子

物質の多くは分子が集まってできたものであり，分子は原子が結合してできたものである。

0・3・1 結合

2個の原子が集まって，あたかも1個の物質のように挙動しているとき，この2個の原子は**結合**しているという。結合には多くの種類があるが，典型的なものにイオン結合，金属結合，共有結合がある（図0・5）。

イオン結合は塩化ナトリウム（食塩）NaCl に見られるもので，陽イオンの Na^+ と陰イオンの Cl^- の間に働く静電引力による結合である。

金属結合は，多数の金属原子を結び付けて金属の液体や固体を作っている結合である。金属結合では原子から遊離した自由電子が糊のような働きをして金属原子を結合している。

共有結合は2個の原子が結合電子を共有することによって生じる結合であり，有機化合物を作る大切な結合である。

● 発展学習 ●
分子でない物質にはどのようなものがあるか調べてみよう。

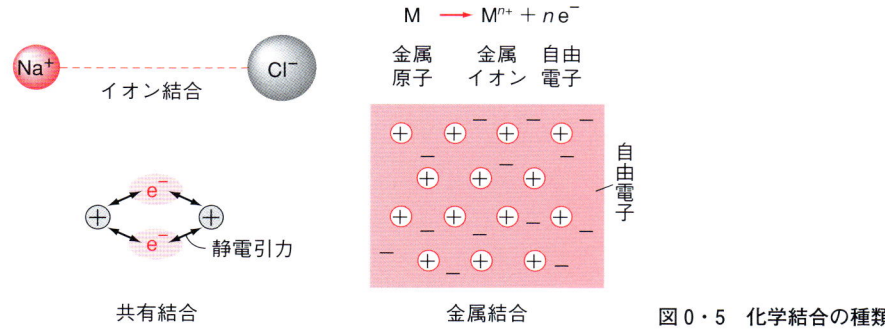

図0・5 化学結合の種類

0・3・2 分子

一般に複数個の原子が結合してできた構造体を**分子**という。分子のうち，水素分子 H_2 や酸素分子 O_2 のように，ただ1種類の元素からできたものを**単体**という。また酸素分子 O_2 とオゾン分子 O_3 のように，単体でありながら原子数や構造が異なり，性質が大きく異なるものを互いに**同素体**という。ダイヤモンドと黒鉛（グラファイト），C_{60} フラーレン，カーボンナノチューブなども互いに炭素の同素体である。

それに対して，水 H_2O やメタン CH_4 のように複数種類の元素からできたものを特に**化合物**ということがある（図0・6）。

● 発展学習 ●
酸素，硫黄，リンの同素体にはどのようなものがあるか調べてみよう。

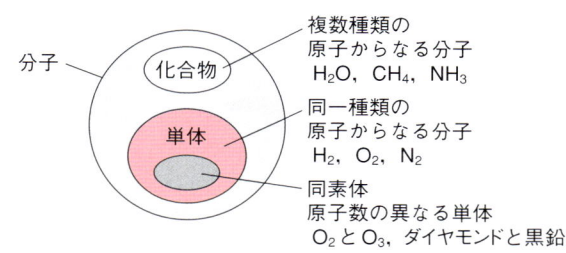

図 0・6　分子・化合物・単体・同素体の関係

0・3・3　化学反応

　分子がその分子構造を変化させることを化学反応という。化学反応には多くの種類があるが，分解，酸化，還元，中和などは典型的なものである。2分子の水素分子は1分子の酸素分子と反応し2分子の水になる。反応には一般に熱（エネルギー）の出入りが伴う。

$$\begin{array}{c} H-H \\ O=O \\ H-H \end{array} \xrightarrow{\text{化学反応}} \begin{array}{cc} H & H \\ | & | \\ O & O \\ | & | \\ H & H \end{array}$$

0・4　酸・塩基と酸化・還元

　酸性・塩基性は物質の性質として最も重要な性質の一つであり，酸化・還元は化学反応の中でも最も大切な反応の一つである。

0・4・1　酸・塩基

　"酸・塩基"は物質の種類を表す術語である。

　塩酸 HCl は酸であり，水酸化ナトリウム NaOH は塩基である。HCl，NaOH は水中で下の式のように分解している。このように一般に，水に溶けて H^+ を出すものを**酸**，OH^- を出すものを**塩基**という。アンモニア NH_3 は水と反応して OH^- を発生するので塩基である。

　　　酸：H^+ を出す

　　　　HCl $\longrightarrow$ H^+ + Cl^-
　　　　塩酸　　　　　　塩化物イオン

　　　塩基：OH^- を出す

　　　　NaOH $\longrightarrow$ Na^+ + OH^-
　　　　水酸化ナトリウム　　　　水酸化物イオン

　　　　NH_3 + H_2O $\longrightarrow$ NH_4^+ + OH^-
　　　　アンモニア　　　　　　アンモニウムイオン

0・4・2 酸性・塩基性

"酸性・塩基性"は，性（性質）という文字からもわかるとおり，溶液の性質を表す術語である。

H^+ をたくさん含む溶液の性質を**酸性**という。それに対して OH^- をたくさん含む溶液の性質は**塩基性**である。水中に含まれる H^+ の濃度 $[H^+]$ と OH^- の濃度 $[OH^-]$ の積は，温度が一定ならば常に決まった値となる。したがって H^+ が多ければ OH^- は少なくなり，H^+ が少なければ OH^- は多くなる（図 0・7）。

このことは，H^+ の濃度がわかれば OH^- の濃度は明らかになることを意味する。そのため，溶液が酸性か塩基性かを表すのには H^+ 濃度の負の対数 $-\log[H^+]$ を用いる。これを**水素イオン指数 pH** という。

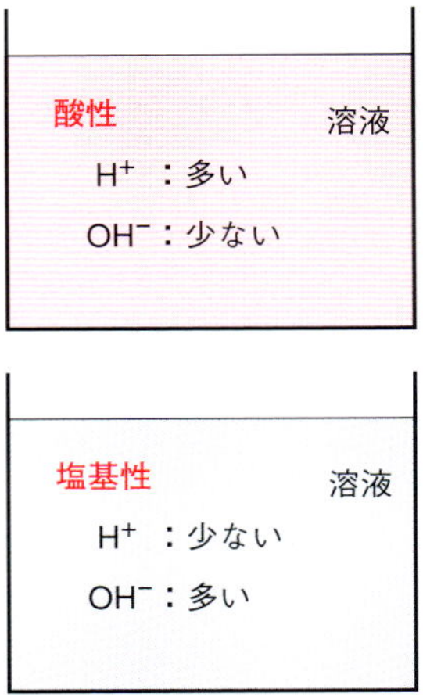

図 0・7 酸性と塩基性

pH は英語読みならピーエッチであり独語読みならペーハーである。

0・4・3 酸化・還元

物質（原子または分子）が酸素と結合したとき，その物質は**酸化**されたという。反対に物質が酸素を失ったときには**還元**されたという。しかし，酸化・還元は酸素との反応だけで起こるものではなく，物質が酸化されたのか還元されたのかの判定は，時によって難しい場合がある。そのようなときには**酸化数**を用いると便利である。

ある物質を酸化するものを**酸化剤**といい，還元するものを**還元剤**という（図 0・8）。

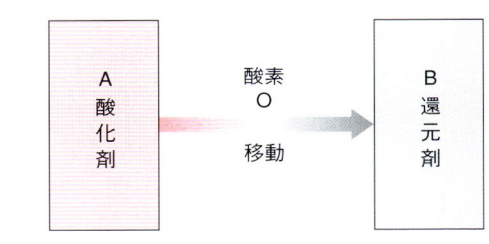

- B に酸素を与えたので B を酸化した
- B によって酸素を奪われたので B によって還元された
- A から酸素をもらったので A によって酸化された
- A から酸素を奪ったので A を還元した

図 0・8 酸化剤と還元剤

0・5 分子間の結合

結合するのは原子だけではない。分子も結合する。

0・5・1 水素結合

水分子は，分子全体としては電気的に中性である。しかし，部分ごと

に見るとプラスの部分とマイナスの部分がある。このように分子内にプラスの部分とマイナスの部分がある分子を**極性（イオン性）分子**という。

水では水素 H がわずかにプラスに，酸素がわずかにマイナスに荷電している。このような部分的な電荷を**部分電荷**といい，δ＋（デルタプラス），δ－ で表す。部分電荷の結果，隣り合った水分子の間には弱い静電引力が働くことになる。このような引力（結合）を**水素結合**という（図 0・9）。

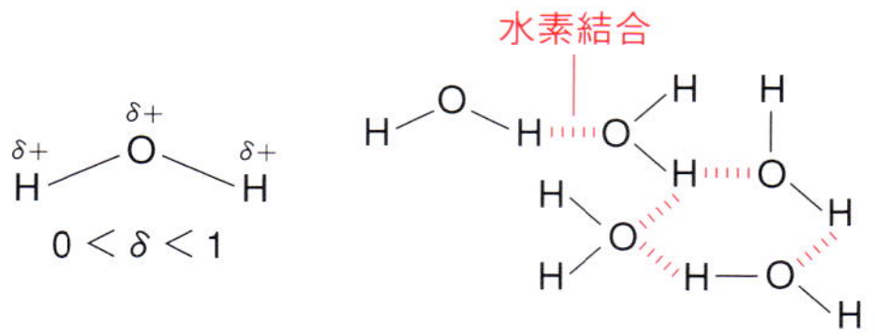

図 0・9　水（H_2O）の水素結合

0・5・2　配位結合

鉄イオン Fe^{2+} はプラスに荷電しているので，水分子の酸素部分と互いに引き付けあう。この結果，鉄イオンの周りに 6 個の水分子が集まり，正八面体形の分子集合体を作る（図 0・10）。このように金属イオンと分子が作る構造物を一般に**錯体**，金属イオンと分子の間の結合を**配位結合**といい，構造物全体を新しい分子と認める。

錯体はこの例のような正八面体のほか，正四角形，正四面体などいろいろのものが知られている。錯体は色を持っていることが多く，また磁石に吸い付くものがあるなど，多様な性質を持つ。

錯体は生体においても重要な働きをしている。血液中にあって酸素を運搬するタンパク質ヘモグロビンにはヘムという鉄イオンの錯体が入っており，酸素運搬の中心的な役割を果たしている。

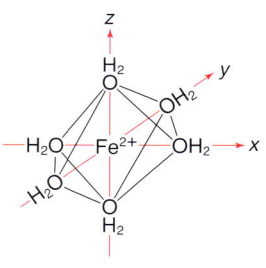

図 0・10　鉄錯体 $[Fe(OH_2)_6]^{2+}$

● この章で学んだ主なこと ●

- □ 1　全ての物質は原子からできており，原子は物質であるが元素は概念である。
- □ 2　原子は雲のような電子雲とその中央にある原子核からできている。
- □ 3　原子核は電気的にプラスであり，電子はマイナスである。原子は，両者が相殺しあって電気的に中性である。
- □ 4　元素を原子番号の順に並べた表を周期表という。
- □ 5　周期表の縦のカラムを族といい，同じ族に属する元素は互いに似た性質を示す。
- □ 6　元素の性質には周期的に変化する周期性を示すものがある。
- □ 7　原子は互いに結合して分子を作る。
- □ 8　結合にはイオン結合，金属結合，共有結合などがある。

- □ 9　1種類の元素だけでできた分子を単体という。
- □ 10　同じ元素の単体で，性質の大きく異なるものを互いに同素体という。
- □ 11　複数種類の元素でできた分子を化合物という。
- □ 12　水に溶けて H^+ を出すものを酸，OH^- を出すものを塩基という。
- □ 13　H^+ が多い溶液の性質が酸性であり，OH^- の多い溶液の性質が塩基性である。
- □ 14　酸性，塩基性を表す指数に水素イオン指数 pH がある。
- □ 15　相手に酸素を与えるものを酸化剤，相手から酸素を奪うものを還元剤という。
- □ 16　相手から酸素をもらうと酸化されたといい，相手に酸素を与えると還元されたという。
- □ 17　中性の分子でも部分的に電荷を持っていることがある。このような分子を極性分子という。
- □ 18　水分子同士の間に働く静電引力を水素結合という。
- □ 19　金属イオンと分子が作る構造体（分子）を錯体という。

● 演習問題 ●

1. 次の元素を原子番号の大きい順に不等号をつけて並べよ。
   P, S, C, F, H, Na, Cl, Fe
2. 次の族の名前を答えよ。1族（H を除く），13族，17族，18族
3. 次の族に属する元素名を2個ずつ答えよ。
   a) アルカリ金属　　b) 炭素族　　c) ハロゲン
4. 同素体の例を2組あげよ。
5. 代表的な酸と塩基の名前を2個ずつあげよ。
6. 身の回りにある酸性，塩基性の物質の名前をそれぞれ2個ずつあげよ。
7. 水中の OH^- の濃度が高くなったら H^+ の濃度はどうなるか答えよ。
8. 水素と酸素が反応して水になった。水素は酸化されたのか，それとも還元されたのか。
9. 身の回りにある物質で，酸化されているものを2個あげよ。
10. 身の回りで見られる酸化現象を二つあげよ。

第 I 部　物質の構造

第 1 章

原子構造

● 本章で学ぶこと

宇宙は物質でできており，全ての物質は原子でできている。物質の種類は無限であるが，天然に存在する元素の種類は約 90 種に過ぎない。原子は非常に小さな粒子であり，原子核とその周りにある電子雲からできている。原子核は電気的にプラスであり，電子はマイナスである。そして両者の電荷の絶対値は等しいので，原子は電気的に中性である。

原子を構成する電子は軌道に入る。軌道は固有のエネルギーを持っており，軌道に入った電子はその軌道のエネルギーを自分のエネルギーとする。それぞれの電子はこのエネルギーを持って全ての挙動を行い，他の原子と結合を作る。そのため，原子の性質を決定するのは電子がどの軌道に入っているかという電子配置である。

本章ではこのようなことを見ていこう。

1・1　原子核と電子

原子は小さい粒子であるが，それぞれが構造を持っている。

1・1・1　原子構造

原子は雲でできた球のようなものと考えられている。雲のように見えるのは**電子**であり，**電子雲**と呼ばれる。電子雲を構成する電子の個数は水素では 1 個であるが，それ以外の原子では複数個である。電子雲の中央には非常に小さい粒子である**原子核**が存在する。

1・1・2　原子の大きさ

原子には大きいものも小さいものもあるが，その直径はおよそ 10^{-10} m のオーダーである（図 1・1）。これをたとえで表すと，原子を拡大してピンポン球の大きさにしたとし，そのピンポン球を同じ拡大率で拡大

1 nm（ナノメートル）= 10^{-9} m であるから，10^{-10} m = 0.1 nm である。

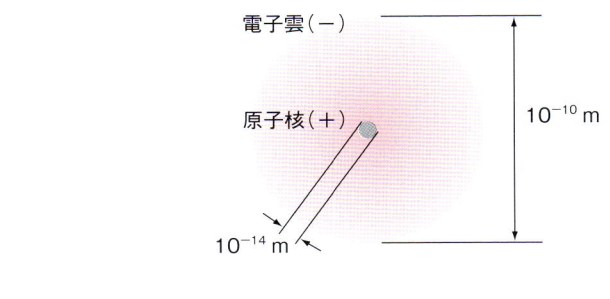

図1・1　原子核と電子雲の直径

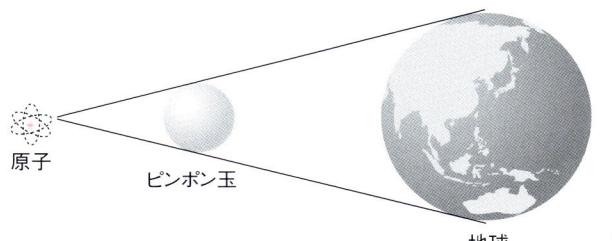

図1・2　原子の大きさ

すると地球ほどの大きさになるということである(図1・2)。

　原子核の直径は原子直径の1万分の1ほどしかない。これは，原子核の直径を1 cmとしたら，原子の直径は100 m (10^4 cm) になることを意味する。東京ドームを2個張り合わせた巨大な球を原子とすると，原子核はピッチャーマウンドに置かれたパチンコ玉ほどの大きさになる(図1・3)。

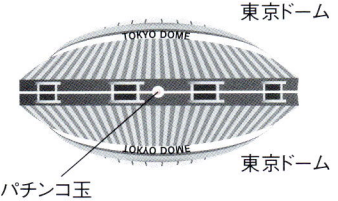

図1・3　原子核と原子の直径を比べると…

1・1・3　原子の電荷

　電子はマイナスの電荷を持っており，1個の電子が持つ電荷量は$-e$であるが，これを-1と表すことが多い。原子核はプラスの電荷を持っており，その電荷量は$+e$の整数倍である。そして，電子雲と原子核の電荷の絶対量は等しいので，原子は電気的に中性である。

1・2　原子番号と原子量

　原子が複数個の粒子からできていたように，原子核も複数個の粒子でできている。

表1・1 原子を構成する粒子

	名 称	記号	電荷	質量(kg)
原子	電 子	e	$-e$	9.1091×10^{-31} kg
	原子核 陽 子	p	$+e$	1.6726×10^{-27} kg
	原子核 中性子	n	0	1.6749×10^{-27} kg

$e = 1.602 \times 10^{-19}$ C

1・2・1 原子を作るもの

表1・1は原子を作る各種粒子の性質をまとめたものである。この表からわかるように，原子核は**陽子**と**中性子**からできている（図1・4）。陽子と中性子の質量はほぼ等しく，それらと電子の質量を比較するとその比は2000：1ほどになっている。すなわち，電子の質量は原子の質量の2000分の1，0.05％ほどしかないことになる。

陽子と中性子は，質量はほぼ同じであるが，電荷が異なる。すなわち陽子は $+e$ の電荷を持つが中性子は電荷を持たず，中性である。

1・2・2 原子番号と質量数

原子核を作る陽子の個数をその原子の**原子番号**といい，記号 Z で表す。したがって原子番号 Z の原子の原子核は $+Z(e)$ の電荷を持つことになる。原子は原子番号の個数の電子を持つ。したがってこの原子の電子雲の電荷は $-Z$ となり，原子核と電子雲の電荷は互いに相殺されることになって，原子は電気的に中性ということになる。

陽子と中性子の個数の和を質量数といい，記号 A で表す。原子の種類は元素記号（図1・5ではXで表した）で表されるが，Z と A はそれぞれ，元素記号の左下と左上につけて表される。これらの数字をつけた記号も元素記号と呼ばれる。

1・2・3 同 位 体

原子番号は同じだが質量数の異なる原子，すなわち同じ元素だが中性子数の異なる原子を互いに**同位体**という。水素には中性子を持たない ^{1}H，中性子を1個持つ ^{2}H（Dで表すこともある），2個持つ ^{3}H（T）の3種類の同位体がある。

自然界において同位体がどのような割合で存在するかを表した数値を同位体存在比と呼び，パーセントで表す。多くの原子では1種の同位体だけが飛びぬけて多く存在するが，塩素Clや臭素Brでは2種の同位体が有意の割合で存在する（表1・2）。同位体は原子番号が同じで電子数が等しいので，化学的性質は全く等しく，質量に基づく物理的な性質だ

○ 発展学習 ○
反水素とはどのようなものか調べてみよう。

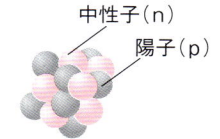

図1・4 原子核の構造

図1・5 元素記号

○ 発展学習 ○
^{235}U と ^{238}U をどのようにして分離するのか調べてみよう。

○ 発展学習 ○
^{2}H，^{3}H の用途を調べてみよう。

表1・2 さまざまな同位体

元素名	水素			炭素			酸素		塩素		臭素	
記号	^{1}H (H)	^{2}H (D)	^{3}H (T)	^{12}C	^{13}C	^{14}C	^{16}O	^{18}O	^{35}Cl	^{37}Cl	^{79}Br	^{81}Br
陽子数	1	1	1	6	6	6	8	8	17	17	35	35
中性子数	0	1	2	6	7	8	8	10	18	20	44	46
存在比 %	99.98	0.015	ごく微量	98.90	1.10	ごく微量	99.76	0.20	75.76	24.24	50.69	49.31

けが異なる。

1・2・4 アボガドロ数

質量数は原子の質量を反映する数値である。原子1個の質量は非常に小さくて測定は困難であるが,多数個集まれば測定は可能である。質量数 A の原子を何個か集めればその集団としての重さは 1 g になるであろう。そして,適当な個数 N 個集めれば,ちょうど質量数に等しい A g になる。このとき,この数 N(N_A と表記することもある)を,発見者の名前をとって**アボガドロ数**という。アボガドロ数は 6.02×10^{23} である(図1・6)。

アボガドロ:Avogadro, A.

1・2・5 原子量

各原子核の質量は質量数を反映するが,正確に質量数に比例するわけではない。そこで,炭素 ^{12}C の原子核1個の質量を12と定義し,各原子1個の質量をこの数値との対比によって決めることになっている。このようにして決められた値を各原子の**相対質量**という。

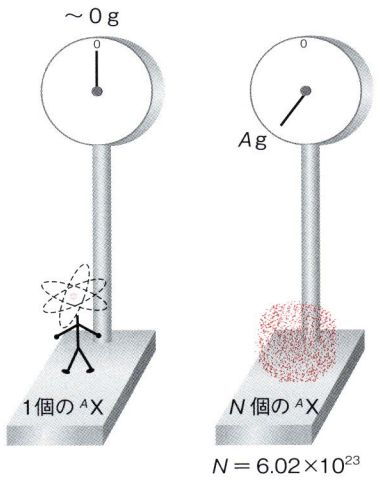

図1・6 原子1個の質量と N 個の質量

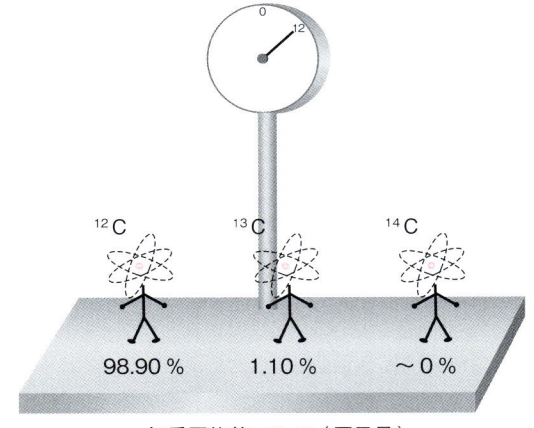

図1・7 原子量の求め方(炭素の例)
各同位体 N 個の加重平均が 12.01 g となる。

自然界に存在する原子は同位体の混合物である。そのため，各同位体の存在比に従って相対質量の加重平均をとり，これを**原子量**と呼ぶ（図1・7）。

多くの原子では原子量は質量数に近い値となるが，表1・2に示したように，塩素や臭素など2種の同位体が有意の割合で存在する元素では，質量数とは多少異なる数値になっている。

1・3 軌道とエネルギー

原子を構成する電子は電子殻に入っている。電子殻はさまざまな軌道に分かれている。

1・3・1 電子殻

原子を構成する電子はただ単に原子核の周りに集まっているわけではない。電子は**電子殻**に入っている。電子殻は原子核の周りに球殻状に存在し，原子核に近いものから順にK殻，L殻，M殻…というようにアルファベットのKから始まる名前がつけられている。

電子は好きな電子殻に入れるわけではなく，電子殻には収容できる電子の最大個数が決められている。それはK殻2個，L殻8個，M殻18個であり，その個数には規則性がある。すなわち，K，L，M殻に整数 $n=1$（K殻），2（L殻），3（M殻）を付与すると，個数は $2n^2$ 個となることがわかる。この整数 n を，その電子殻の**量子数**（主量子数）と呼ぶ（図1・8）。

1・3・2 電子殻のエネルギー

電子はマイナスの電荷を持ち，原子核はプラスの電荷を持つ。したがって電子と原子核の間には静電引力（エネルギー）が働く（図1・9）。

量子数には主量子数のほかに方位量子数（l），磁気量子数（m），スピン量子数（s）などがある。

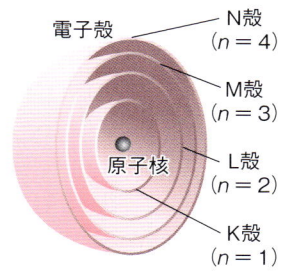

図1・8 電子殻の構造と量子数（主量子数）

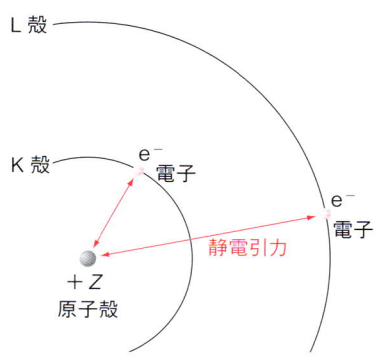

図1・9 電子と原子核の間の静電引力

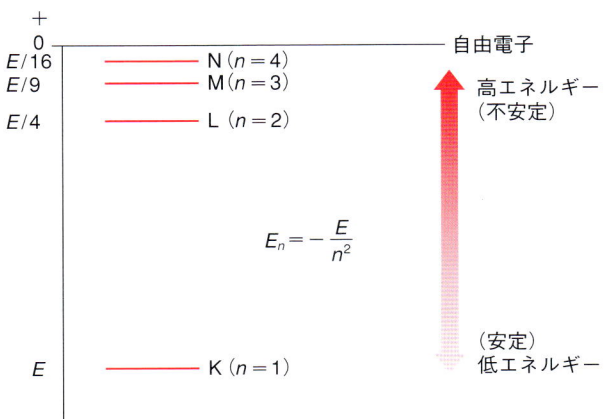

図1・10 電子殻のエネルギー

このように電子殻に入った電子の持つエネルギーをその電子殻のエネルギーと呼ぶ。

図1・10は電子殻のエネルギーを表したものである。原子に属さない自由電子の位置エネルギーを0とし，原子，分子では，電子のエネルギーをマイナスの領域に測るものと約束する。電子のエネルギーは位置エネルギーと同様に考えることができ，スケールで下（マイナスに大きい）のものほど低エネルギーで安定であり，上にいくと高エネルギーで不安定になる。

1・3・3　軌 道

電子殻を詳細に検討すると，**軌道**という，さらに小さな構造からできていることがわかる。軌道にはs軌道，p軌道，d軌道などがある。図1・11に，各電子殻を構成する軌道，その個数，エネルギーを示した。

K殻は1個のs軌道からできている。L殻は1個のs軌道と1セットのp軌道からできている。p軌道はp_x，p_y，p_zの3個の組でできている

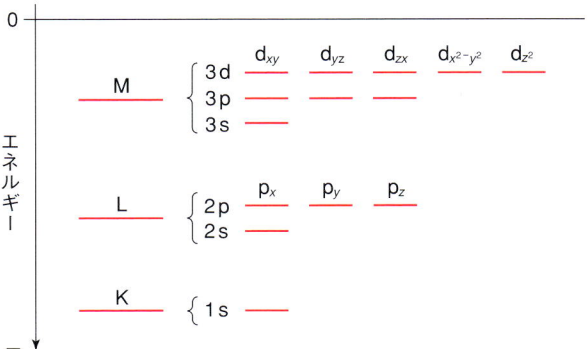

図1・11　軌道のエネルギー

1・3 軌道とエネルギー　15

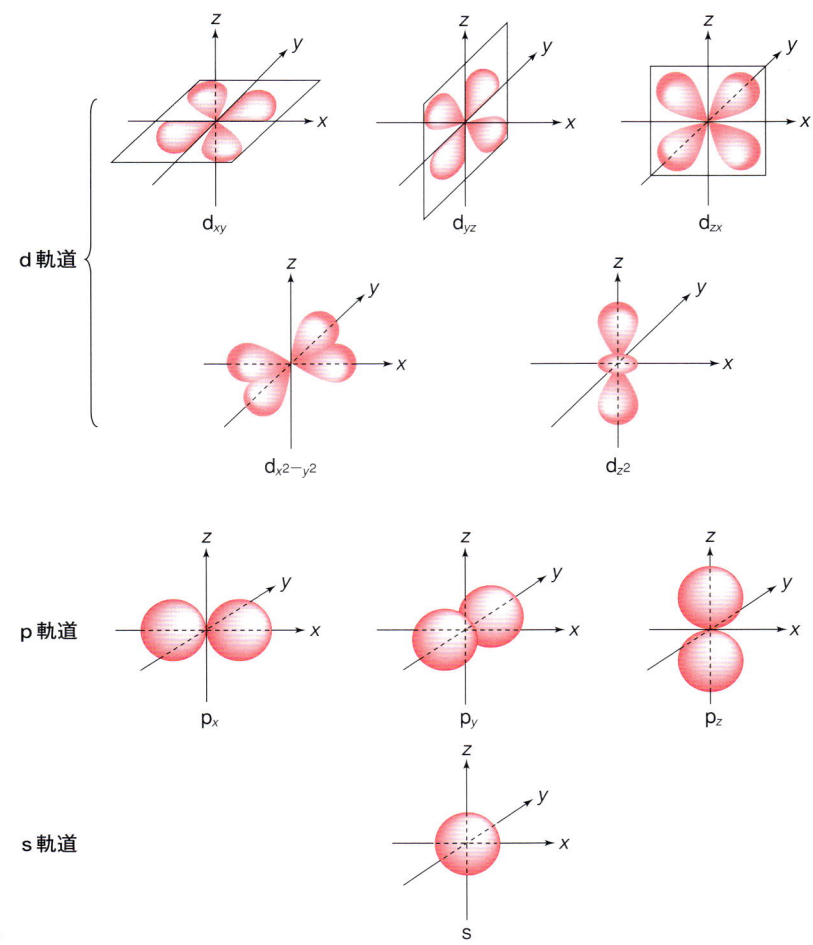

図1・12　軌道の形

ので，L殻は合計4個の軌道からできていることになる。s軌道はK殻にもL殻にも存在するので，区別するためにその電子殻の主量子数をつけ，1s軌道(K殻)，2s軌道(L殻)などと呼ばれる。p軌道も同様である。

M殻ではs軌道，p軌道のほかに5個セットの3d軌道が加わり，全部で9個となる。

1・3・4　軌道の定員とエネルギー

電子殻と同様に軌道にもエネルギーがある。そのエネルギーは同じ電子殻に属するものならs＜p＜dの順に高エネルギーとなる。

軌道にも定員があり，2個以上の電子が入ることはできない。したがって1個の軌道からなるK殻の定員は2個であり，4個の軌道からなるL殻の定員は8個であるというように，軌道を元にして計算した定員は前項で電子殻に割り振った$2n^2$からなる定員と等しいことがわかる。

● 発展学習 ●
1s 軌道, 2s 軌道, 3s 軌道の形の違いを調べてみよう。

1・3・5 軌道の形

各軌道は図 1・12 に示したように特有の形をしている。s 軌道は丸いお団子形である。p 軌道は 2 個のお団子を串に刺したみたらし形であり, p_x, p_y などの x, y は串の方向を表している。すなわち 3 個の p 軌道は, 形とエネルギーは全く等しいが, 方向だけが異なっているのである。

d 軌道は複雑な形であるが, そのうち 4 個はおおむね四葉のクローバーのような形であり, 残る 1 個はダンベルに鉢巻をしたような形である。

1・4 電子配置と価電子

電子がどの軌道にどのように入っているかを表したものを電子配置という。

1・4・1 電子スピン

電子の性質の一つにスピン (自転) がある。電子はスピンしているがその方向には右回りと左回りの 2 種類がある。化学ではスピンを上下向きの矢印で表すが, それは自転の方向が異なることを表すだけであり, 自転の方向と矢印の向きの間には何の関係もない (図 1・13)。

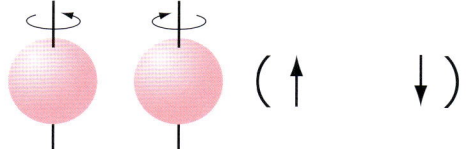

図 1・13 電子のスピン

1・4・2 電子配置の約束

電子は好きな軌道に自由に入れるわけではない。軌道に入るには守らなければならない約束がある。
① エネルギーの低い軌道から順に入る。
② 1 個の軌道には 2 個までしか電子が入ることはできない。
③ 1 個の軌道に 2 個の電子が入るときには互いにスピン方向を逆にしなければならない。
④ 軌道エネルギーに基づくエネルギーが等しい場合には, スピン方向が揃っている (平行な) 方が安定である。

1・4・3 電子配置

前項の約束に従って実際に軌道に電子を入れてみよう (図 1・14)。

1・4 電子配置と価電子　17

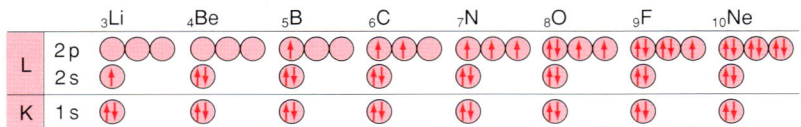

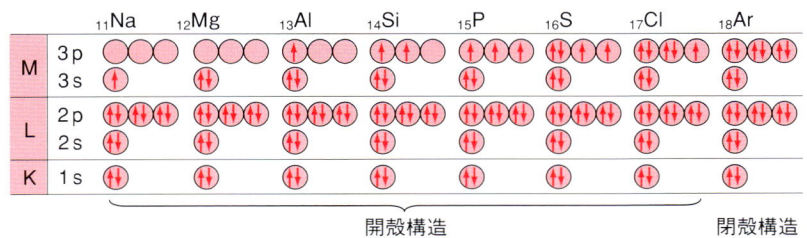

図1・14　各元素の電子配置

H：水素の1個の電子は約束①に従って1s軌道に入る。

He：ヘリウムの2個目の電子は①に従って1s軌道に入り，③に従ってスピンを逆にする。ヘリウムではK殻が電子で満杯になっている。このような状態を**閉殻構造**といい，特別の安定性を持っている。それに対してHは**開殻構造**といわれる。

Li：3個目の電子は①，②に従って2s軌道に入る。

Be：4個目の電子はHeの場合と同様に2s軌道にスピンを逆にして入る。

B：5個目の電子は①に従って2p軌道に入る。

C：6個目の電子は2p軌道に入るが，入り方には3通りある（**図1・15**）。

　a）5番目の電子と同じ軌道にスピンを逆にして入る。
　b）別のp軌道にスピンを逆にして入る。
　c）別のp軌道にスピンを平行にして入る。

　　a，b，cの3種の入り方では全てp軌道に入るわけであり，軌道エネルギー的には全て等しい。このような場合に働くのが約束④である。すなわちa，b，cのうち，スピンが平行になっているのはc

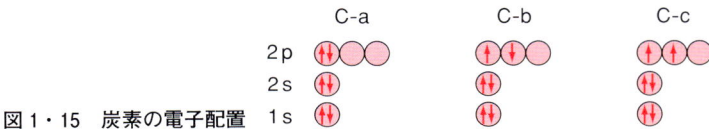

図1・15　炭素の電子配置

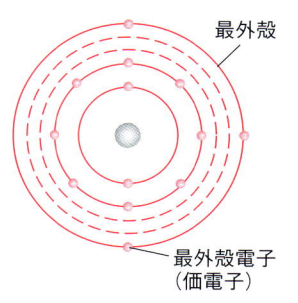

図1・16 最外殻電子（価電子）

● 発展学習 ●
Li～F の不対電子の個数を数えてみよう。

不対電子

非共有電子対

図1・17 不対電子と非共有電子対

だけである。したがって安定な電子配置は c ということになる。c のように安定な状態を**基底状態**，a, b のようにエネルギーの高い状態を**励起状態**ということがある。

N：7個目の電子は p 軌道に入る。p 軌道に入る3個の電子は ④ に従って全て別々の p 軌道に入り，スピンを平行にする。

O：8個目の電子は p 軌道にスピンを逆にして入る。

F：9個目の電子は p 軌道にスピンを逆にして入る。

Ne：10個目の電子は p 軌道にスピンを逆にして入る。これで L 殻が満杯になったのでこれも閉殻構造である。

ナトリウム Na 以降も同様にして電子を入れていけば電子配置が明らかになる。

1・4・4 価電子

電子の入っている電子殻のうち，最も外側のものを最外殻といい，最外殻に入っている電子を**最外殻電子**という（図1・16）。すなわち，原子番号 3～10 の原子では L 殻，11～18 では M 殻が最外殻となる。

次章で見るように，最外殻電子はイオンの価数を決定する作用があるので**価電子**とも呼ばれる。

価電子のうち，1個の軌道に2個で入っている電子を特に**非共有電子対**という（図1・17）。したがって，Be，B，C，N は1組の非共有電子対をもち，O は2組，F は3組，Ne は4組の非共有電子対を持つことになる。それに対して1個の軌道に1個だけ入った電子は全て**不対電子**と呼ばれる。

● この章で学んだ主なこと ●

☐1　原子は球形の雲のような電子雲と，その中央にある小さな原子核とからできている。

☐2　電子雲はマイナスに荷電し，原子核はプラスに荷電しているが，電荷の絶対量が等しいので原子は電気的に中性である。

☐3　原子核は +1 の電荷を持つ陽子と，電気的に中性な中性子からできている。

☐4　陽子の個数を原子番号（Z），陽子と中性子の個数の和を質量数（A）という。

☐5　原子番号が同じで質量数の異なる原子を互いに同位体という。同位体の化学的性質は全く等しい。

☐6　原子量は質量数を基にして決めた数値であり，原子の相対的な質量を表す。

☐7　アボガドロ数個の原子の集団の質量は原子量（に g をつけた数値）に等しい。

☐8　電子は電子殻に入る。電子殻には固有のエネルギーと収容定員がある。

☐9　電子殻は軌道からできている。軌道には固有のエネルギーと形がある。

- **10** 電子は軌道に入るが，そのためには守らなければならない規則がある。
- **11** 電子がどの軌道にどのように入っているかを表したものを電子配置という。
- **12** 電子殻が電子で満杯になった閉殻構造は特別の安定性を持つ。

● 演 習 問 題 ●

1　原子番号 50，質量数 100 の原子核には，陽子と中性子は何個ずつ含まれるか。
2　上の原子に含まれる電子は何個か。
3　ネオンの原子量は 20.18 である。10.09 g のネオンガスには何個のネオン原子が存在するか。
4　10 モルのネオンガスの質量はいくらか。それは温度が変化したらどうなるか。
5　臭素の同位体 ^{79}Br と ^{81}Br は共に 50 % の存在比だとするとき，臭素の原子量を求めよ。
6　3 個の p 軌道の違いは何か。
7　閉殻構造を持つ元素名を二つ答えよ。
8　窒素は 2p 軌道に 3 個の電子を持つものとして，励起状態の電子配置を示せ。
9　第 2 周期元素で不対電子を 1 個，2 個，3 個持つ元素はそれぞれ何か。
10　第 3 周期元素で非共有電子対を一組，二組，三組，四組持つものはそれぞれ何か。

第Ⅰ部 物質の構造

第2章

周 期 表

●本章で学ぶこと●

　元素を原子番号の順に並べて整理した表を周期表という。周期表では性質の似た元素が縦に並んでいるので，周期表を見ると原子の性質や反応性が推定できる。

　元素の性質に大きく影響するのは価電子であり，価電子の個数は原子番号の増加と共に規則的に増減する。そのため，原子の性質も原子番号と共に周期的に変化する。

　本章ではこのようなことを見ていこう。

2・1　族と周期

　周期表（図2・1）はカレンダーのようなものである。カレンダーは30個の日にちをその増加の順に並べたものであるが，7個ごとに区切ってある。その結果日曜日から始まる曜日が設定され，同じ曜日の日には同じような行事が行われ，同じような様相を帯びることになる。カレンダーは日にちの周期表なのである。

2・1・1　族 と 周 期

　周期表の最上部に左から順に1〜18の番号が振ってある。これは**族**を表す番号である。番号1の族は1族，2は2族と呼ばれる。同じ番号の下に並ぶ元素は同じ族に属するといわれる。族には名前のついているものもあり，それは周期表に示したとおりである。

　なお，3族のランタノイドとアクチノイドは元素の集団の名前であり，それぞれ15個の元素からなる。これらの元素は周期表の欄外に別枠として示してある。

　また，3族のうち，アクチノイドを除いたものを希土類と呼ぶことがある。原子番号92番のウランUより大きいものは自然界には存在せ

●発展学習●
族の名前の由来を調べてみよう。

2・1 族と周期

族\周期	1	2	3	4	5	6	7	8	9	10	11	12	13	14	15	16	17	18
1	1H 水素																	2He ヘリウム
2	3Li リチウム	4Be ベリリウム											5B ホウ素	6C 炭素	7N 窒素	8O 酸素	9F フッ素	10Ne ネオン
3	11Na ナトリウム	12Mg マグネシウム											13Al アルミニウム	14Si ケイ素	15P リン	16S 硫黄	17Cl 塩素	18Ar アルゴン
4	19K カリウム	20Ca カルシウム	21Sc スカンジウム	22Ti チタン	23V バナジウム	24Cr クロム	25Mn マンガン	26Fe 鉄	27Co コバルト	28Ni ニッケル	29Cu 銅	30Zn 亜鉛	31Ga ガリウム	32Ge ゲルマニウム	33As ヒ素	34Se セレン	35Br 臭素	36Kr クリプトン
5	37Rb ルビジウム	38Sr ストロンチウム	39Y イットリウム	40Zr ジルコニウム	41Nb ニオブ	42Mo モリブデン	43Tc テクネチウム	44Ru ルテニウム	45Rh ロジウム	46Pd パラジウム	47Ag 銀	48Cd カドミウム	49In インジウム	50Sn スズ	51Sb アンチモン	52Te テルル	53I ヨウ素	54Xe キセノン
6	55Cs セシウム	56Ba バリウム	*ランタノイド 57〜71	72Hf ハフニウム	73Ta タンタル	74W タングステン	75Re レニウム	76Os オスミウム	77Ir イリジウム	78Pt 白金	79Au 金	80Hg 水銀	81Tl タリウム	82Pb 鉛	83Bi ビスマス	84Po ポロニウム	85At アスタチン	86Rn ラドン
7	87Fr フランシウム	88Ra ラジウム	**アクチノイド 89〜103	104Rf ラザホージウム	105Db ドブニウム	106Sg シーボーギウム	107Bh ボーリウム	108Hs ハッシウム	109Mt マイトネリウム	110Ds ダームスタチウム	111Rg レントゲニウム	112Cn コペルニシウム	113Nh ニホニウム	114Fl フレロビウム	115Mc モスコビウム	116Lv リバモリウム	117Ts テネシン	118Og オガネソン
イオンの価数	+1	+2				複雑(複数の値を示す)						+2	+3		−3	−2	−1	
名称	アルカリ金属[†1]	アルカリ土類金属[†2]											ホウ素族	炭素族	窒素族	酸素族	ハロゲン	希ガス元素
	典型元素					遷移元素							典型元素					

*ランタノイド	57La ランタン	58Ce セリウム	59Pr プラセオジム	60Nd ネオジム	61Pm プロメチウム	62Sm サマリウム	63Eu ユウロピウム	64Gd ガドリニウム	65Tb テルビウム	66Dy ジスプロシウム	67Ho ホルミウム	68Er エルビウム	69Tm ツリウム	70Yb イッテルビウム	71Lu ルテチウム
**アクチノイド	89Ac アクチニウム	90Th トリウム	91Pa プロトアクチニウム	92U ウラン	93Np ネプツニウム	94Pu プルトニウム	95Am アメリシウム	96Cm キュリウム	97Bk バークリウム	98Cf カリホルニウム	99Es アインスタイニウム	100Fm フェルミウム	101Md メンデレビウム	102No ノーベリウム	103Lr ローレンシウム

図 2・1 元素の周期表

[†1] H を除く。 [†2] Be, Mg を除く。

ず，人工的に作られたものであり，超ウラン元素と呼ばれることがある。
　周期表の左端に上から順に1～7の数字が振ってある。これは**周期**を表すものであり，番号1の周期は第1周期といわれる。

2・1・2　周期表と電子配置

　周期表と電子配置は密接な関係にある。第1周期のHとHeはK殻（主量子数 $n=1$）に電子を持っている。それに対して第2周期のLiからFまでの8個の元素はどれもK殻と共にL殻（$n=2$）に電子を持っている。このように，周期は原子の最外殻の量子数を表している。そして族の数字は，典型元素では，最外殻に入っている電子の個数を表しているのである。

● 発展学習 ●
周期表は本書に示したものだけではない。他にどのようなものがあるか調べてみよう。

2・1・3　典型元素と遷移元素

　1族と2族，および12～18族の元素を**典型元素**という。**典型元素**は，原子番号が増えることによって加わった新たな電子がs軌道，あるいはp軌道に入っていく元素である。

　典型元素以外の元素を**遷移元素**という。遷移元素は，新たに加わった電子が内殻のd軌道，あるいはそれより外側にあるf軌道に入っていく元素である。典型元素では族が異なると性質が明瞭に異なるが，遷移元素では違いが明らかでないことが多い。

新たに加わった電子がs軌道に入るものをsブロック元素，p軌道に入るものをpブロック元素という。

2・2　原子半径の周期性

　元素の性質には，原子番号の増加と共に周期的に変化するもの，すなわち，周期表に従って変化するものがある。このようなものを**周期性**があるという。周期性を持つものに，原子半径，イオン化エネルギー，電気陰性度などがある。

2・2・1　原子半径

　原子の半径を**原子半径**という。しかし，原子は雲でできた球のようなものであるから，輪郭が明瞭でない。原子半径をどのように定義し，どのようにして測定するか，それが問題である。

　一つの方法は，結合距離を基にして決めるものである。原子Aの半径を分子A_2の結合距離の半分と定義する。結合距離は測定できるので，半径も決定されることになる。

　また，量子化学計算によって求めた最外殻の半径を原子半径とすることもある。図2・2に示したのは量子化学計算による半径である。

● 発展学習 ●
ファンデルワールス半径とはどのようなものか調べてみよう。

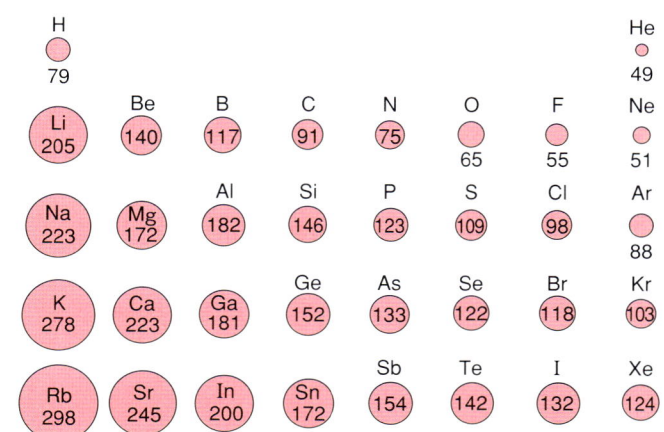

図 2・2　原子半径　　　　　　　　　　単位 pm（10^{-12} m）

2・2・2　原子半径の周期性

図 2・2 を見ると特色が二つあることがわかる。

① 周期が増えると原子半径は大きくなる。

これは周期が増えると最外殻が原子核から離れることに起因する（**図 2・3 左**）。

② 同じ周期では原子番号が増えると原子半径は小さくなる。

これは原子番号が増えると原子核の電荷が増えるので電子を引き付ける力が強くなることに起因する（**図 2・3 右**）。

● 発展学習 ●
ランタノイド収縮とは何のことか調べてみよう。

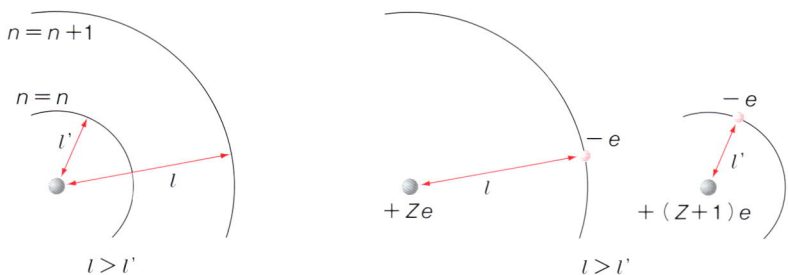

図 2・3　原子核の電荷と原子半径の関係

　2・3　イオンと周期表

原子が電子を失うと陽イオンとなり，電子を獲得すると陰イオンとなる。

2・3・1　イオンの価数（図 2・4）

1 族元素のリチウム Li は最外殻（L 殻）に 1 個の電子を持っているの

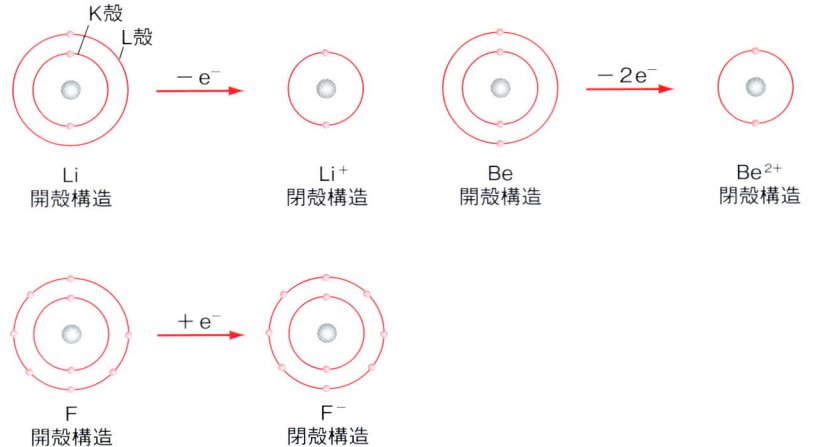

図2・4 イオンになりやすい傾向

で開殻構造である。この電子を失えばヘリウムと同じ閉殻構造になって安定化する。このためリチウムは1個の電子を放出して1価の陽イオン Li^+ になりやすい。同じことはナトリウム Na やカリウム K にも当てはまる。このように1族元素は +1 価の陽イオンになりやすい。

2族元素（例えばベリリウム Be）は最外殻に2個の電子を持つので，これを放出すると閉殻構造になるため2価の陽イオンになりやすい。

反対に17族のフッ素 F は最外殻（L殻）に7個の電子を持つ。したがって，もう1個電子が増えると8個となってネオンと同じ閉殻構造になる。このためフッ素は −1 価の陰イオン F^- になりやすい。

このように，周期表で何族に属するかによってなりやすいイオンの価数が決まることになる。

2・3・2　イオン化エネルギーと電子親和力

図2・5は原子 X の電子のエネルギーを表したものである。X の最外殻電子（最もエネルギーの高い電子）にエネルギー I を与えると，電子

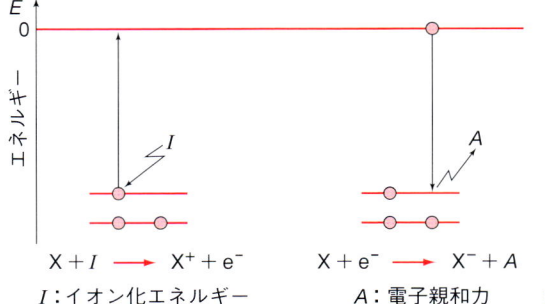

図2・5　イオン化エネルギーと電子親和力

はそのエネルギーを受け取って $E=0$ の軌道に移動する。このように電子がエネルギー準位間を移動することを**遷移**という。

電子がエネルギー $E=0$ となったということは、電子が原子核の束縛を離れて自由電子になったということであり、原子 X は電子を失って陽イオン X^+ になったことを意味する。このエネルギー I を**イオン化エネルギー**という。

2・3・3 電子親和力

前項で見た陽イオン化の反対の過程を考えてみよう。エネルギー $E=0$ の自由電子が原子 X の最外殻に入るのである。その結果 X は電子を受け取ったのだから陰イオン X^- となる。そしてこの際には、電子は高エネルギー状態から低エネルギー状態になるのだから、余分なエネルギーを放出することになる。このエネルギーを電子親和力 A という。

図 2・5 で見るように、イオン化エネルギー I と電子親和力 A は、本質的に絶対値が等しい。しかし実際は電子反発などがあり、両者は異なる。

2・4 イオン化エネルギーの周期性

原子には電子を受け取りやすいものとそうでないものがある。電子を受け取る能力を表す数値を電気陰性度という。電気陰性度とイオン化エネルギーには周期性がある。

2・4・1 イオン化エネルギーの周期性

2・3 節で見たように、1 族元素は 1 価の陽イオンになりやすい。したがって、陽イオンになるために要するエネルギー I は小さいと考えられる。反対に、17 族元素は電子を受け取って 1 価の陰イオンになりやすい。当然陽イオンにはなりにくく、そのためのエネルギーは大きくなるものと考えられる。

第 1 周期と第 2 周期の元素を比べれば、第 2 周期の元素の最外殻は高エネルギーなので、イオン化のためのエネルギーは小さくて済むはずである。すなわち、周期を表す数字が大きくなればイオン化エネルギーは小さくなることが予想される。

図 2・6 は、イオン化エネルギーの実測値と原子番号の関係である。上で見た予想とよく一致していることがわかる。

2・4・2 電気陰性度の周期性

電子親和力の絶対値の大きな元素は、陰イオンになると大きく安定化

●発展学習●
同じ周期の元素では原子番号が増加するとイオン化エネルギーも大きくなるのはなぜか調べてみよう。

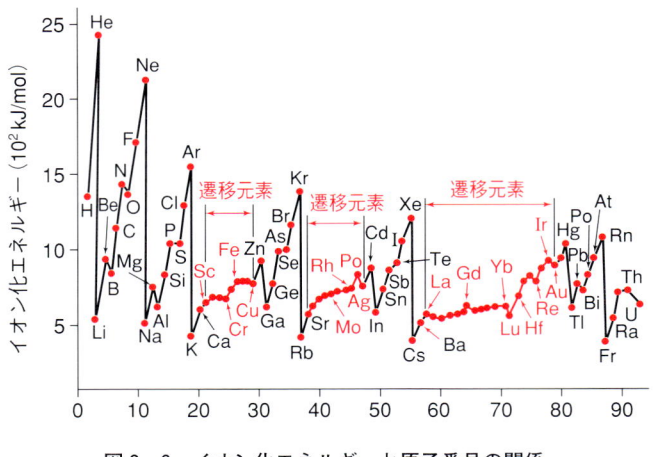

図2・6 イオン化エネルギーと原子番号の関係

する．したがって，陰イオンになりやすい，すなわち電子を引き付ける力が強いと考えられる．一方，イオン化エネルギーの絶対値の大きい元素は，陽イオンになるために大きなエネルギーを要する元素である．したがって陽イオンになりにくい元素であり，電子を放出するよりは引き付ける元素であると考えられる．

すなわち，イオン化エネルギーであれ，電子親和力であれ，その絶対値が大きい元素は電子を引き付ける力が大きいと考えることができる．そこで，イオン化エネルギーと電子親和力の絶対値の平均を基にして，原子の電子を引き付ける度合いを表す数値を人為的に決めることにした．この数値を**電気陰性度**という．電気陰性度が大きいほど，電子を引き付ける度合いが大きいことがわかる．

図2・7は，周期表に従って電気陰性度を表したものである．周期表の右上にいくほど大きくなっていることがわかる．

H							He
2.1							
Li	Be	B	C	N	O	F	Ne
1.0	1.5	2.0	2.5	3.0	3.5	4.0	
Na	Mg	Al	Si	P	S	Cl	Ar
0.9	1.2	1.5	1.8	2.1	2.5	3.0	
K	Ca	Ga	Ge	As	Se	Br	Kr
0.8	1.0	1.3	1.8	2.0	2.4	2.8	

図2・7　電気陰性度

● **この章で学んだ主なこと**

1. 元素を原子番号の順に並べ，整理したものを周期表という。
2. 周期表には族と周期がある。
3. 周期の番号は最外殻の量子数に一致し，典型元素では族の番号は最外殻の電子数に一致する。
4. 同じ族に属する元素は互いに似た性質を持つ。
5. 元素には典型元素と遷移元素がある。
6. 原子半径は周期が大きくなると大きくなるが，同じ周期では原子番号が大きくなると半径は小さくなる。
7. 原子は閉殻構造を獲得するため，電子を放出したり，受け入れたりする。この結果，族によってどのようなイオンになるかが決まる。
8. 原子が陽イオンになるために要するエネルギーをイオン化エネルギーという。
9. 元素のイオン化エネルギーには周期性がある。
10. 元素が陰イオンになるときに放出するエネルギーを電子親和力という。
11. 原子が電子を引き付ける度合いを表した数値を電気陰性度という。
12. 電気陰性度は周期表の右上にいくほど大きくなる。

● **演 習 問 題** ●

1 カルコゲン元素，ハロゲン元素はそれぞれ何族か。
2 ホウ素族元素，窒素族元素はそれぞれ何価のイオンになりやすいか。
3 希土類とは何族の元素か。
4 超ウラン元素の原子番号はどのようになっているか。
5 原子半径はどのようにして決められるか。
6 同一周期の元素では原子番号が大きくなると半径が小さくなるのはなぜか。
7 イオン化エネルギーの絶対値が大きい元素と小さい元素では，どちらが陽イオンになりやすいか。
8 電子親和力の絶対値の大きい元素と小さい元素では，どちらが陰イオンになりやすいか。
9 電気陰性度はどのようにして決められるか。
10 次の元素を電気陰性度の大きい順に不等号をつけて並べよ。
　　　Br, H, P, C, S, N, Cl, O, F

第Ⅰ部 物質の構造

第3章

結合と構造

● 本章で学ぶこと ●

　分子は原子からできている。原子を分子という構造体に結び付ける力，それが結合，あるいは化学結合である。

　結合には多くの種類がある。代表的なものとしてイオン結合，金属結合，共有結合があり，共有結合には単結合，二重結合，三重結合などがある。分子はこれらの結合を使い，特有の構造，形を獲得する。

　結合は電子を糊とした接着のようなものである。その意味で，分子を構成する本質は電子といってもよい。一方，化学反応は分子を構成する結合の組み換えに起因するものが多い。これは，化学の本質は電子の挙動にあることを意味するものである。

　本章ではこのようなことを見ていこう。

3・1　イオン結合と金属結合

● 発展学習 ●
結合によって結合エネルギーはどのように変わるか調べてみよう。

　結合には多くの種類があるが，その中でも代表的なのはイオン結合と共有結合である。ここではイオン結合と，その仲間ともいうべき金属結合について見ていこう。

3・1・1　イオン結合

　イオン結合でできた物質でよく知られるものは塩化ナトリウム（食塩）NaClである。NaClはプラスに荷電したナトリウムイオンNa^+とマイナスに荷電した塩化物イオンCl^-でできている。この陰陽両イオン間に働く静電引力，それがイオン結合の本質なのである。

　イオン結合においては，プラスイオンの周りに何個の陰イオンがあろうと，距離が等しければ全て同じ大きさの引力が働く。これを**不飽和性**という。また，両イオンの間の角度も関係しない。これを**無方向性**とい

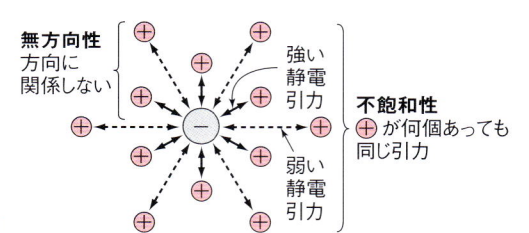

図3・1 イオン間の静電引力

う（図3・1）。不飽和性と無方向性，それはイオン結合と共有結合を分ける大きな特質である。

図3・2は塩化ナトリウムの結晶である。ここにはNaClという，NaとClの2原子からなる分子を見いだすことはできない。結晶全体が同数のNa^+とCl^-からできているだけである。このようにイオン結合では，単位分子を見いだすことは困難である。

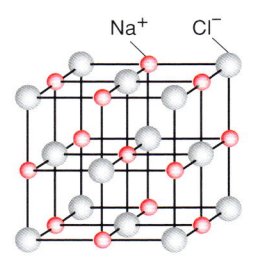

図3・2 塩化ナトリウムの結晶構造

3・1・2 金属結合

金属結合は金属原子を結合して金属の固体や液体にする力である。金属結合では，金属原子は価電子を放出して金属イオンM^{n+}となっている。放出された電子は自由電子となって金属イオンの周りを自由に流動する。これはちょうど，水槽に木製の球を入れ，その間にボンドを入れたような状態である。球が金属イオンであり，ボンドが自由電子である（図3・3）。

このようにして金属イオンが自由電子によって接着された状態，それが金属結合である。

$$M \longrightarrow M^{n+} + ne^-$$

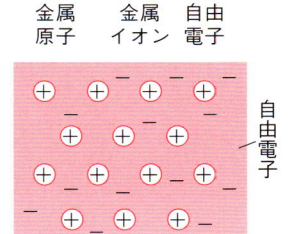

図3・3 金属結合

3・1・3 金属結合の性質

イオン結合によりできた結晶をある面で切り，切断面をずらすと，プラスイオンとプラスイオンが密着することになり，エネルギー的に不利となる。そのため，イオン結合の物質は硬く，変形しにくい。それに対して金属結合では，移動しても結合力に大きな違いはない。そのため，金属は一般に大きな延性（針金に延びる能力）と展性（箔に拡がる能力）を持つ。

●発展学習●
1gの金を針金にしたら何mになるか，箔にしたら何m^2になるか調べてみよう。

3・2 共有結合と結合電子雲

共有結合は2個の原子が結合電子を共有することによって形成される結合である。

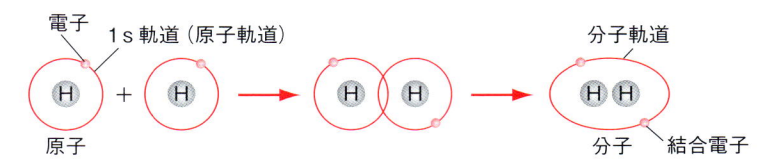

図3・4 水素原子の軌道と水素分子の軌道

3・2・1 水素分子

典型的な共有結合は水素分子 H_2 の結合といってよい。水素原子から水素分子ができる過程を見てみよう（図3・4）。

2個の水素原子が近づくと両者の 1s 軌道が重なる。さらに近づくと 1s 軌道が消失し，2個の水素原子核を囲む大きな軌道ができる。これは2個のシャボン玉が融合して大きなシャボン玉になる過程に似ている。新しくできた軌道は，原子でなく分子に属する軌道なので**分子軌道**と呼ばれる。

3・2・2 結合電子

2個の水素原子が持っていた2個の電子は分子軌道に移動する。この電子は2個の原子核の間の領域に存在することが多く，**結合電子**（雲）と呼ばれる。

図3・5は水素分子における原子核と結合電子の関係を模式的に表したものである。プラスに荷電した原子核とマイナスに荷電した電子との間には静電引力が生じる。その結果，2個の原子核は結合電子を糊のようにして結合することになる。

このように，2個の原子が1個ずつの電子を出し合い，それを結合電子として共有するのが**共有結合**である。そのため，共有結合を作ることのできる電子は1個の軌道に1個だけで入った不対電子に限られることになる。

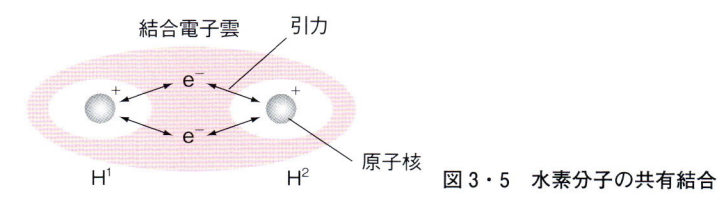

図3・5 水素分子の共有結合

図3・6 H_2 の結合電子雲

3・2・3 結合のイオン性

水素分子 H_2 の結合電子雲は図3・6のように表すことができる。それでは塩化水素 HCl の結合電子雲はどのようになるだろうか。

Hの電気陰性度は2.1であり，Clは3.0である。すなわちClの方が電気陰性度が高く，電子を引きつける力が大きい。その結果，結合電子雲は図3・7のようにClの方に引きつけられる。したがってClの方が結合電子が多くなり，マイナス（$\delta-$）に荷電し，Hはプラス（$\delta+$）に荷電することになる。このように結合がプラス部分とマイナス部分にイオン化することを**結合分極**といい，結合分極をもつ分子を**極性（イオン性）分子**という。

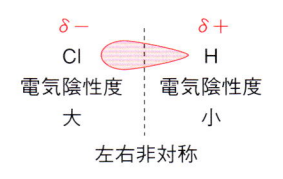

図3・7 HClの結合分極

3・2・4 水素結合

水 H_2O を構成する酸素（電気陰性度 3.5）と水素（2.1）の間には大きな電気陰性度の差がある。この結果，Oはマイナスに荷電し，Hはプラスに荷電する。そのため2個の水分子の間には，OとHの間に静電引力が働くことになる。この引力を**水素結合**という（図3・8）。

水素結合は分子と分子の間に働く引力であり，このように分子間に働く引力を特に**分子間力**という。分子間力にはファンデルワールス力や疎水性相互作用などがある。

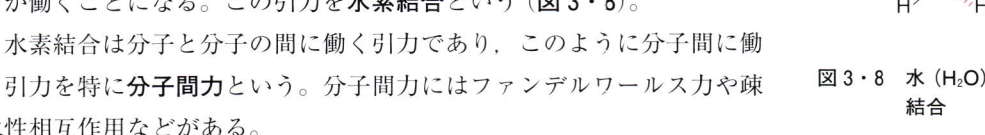

図3・8 水（H_2O）の水素結合

● 発展学習 ●
分子間力にはどのようなものがあるか調べてみよう。

3・3 混成軌道と分子構造

炭素の4個のL殻電子は2s軌道に2個，2p軌道に2個入っている。しかし，炭素が実際に分子を作るときにはs軌道，p軌道を再編成し，新しい軌道を用いる。このような軌道を**混成軌道**という。

● 発展学習 ●
混成軌道にはどのようなものがあるか調べてみよう。

3・3・1 sp³混成軌道

1個のs軌道と3個のp軌道が混成してできた軌道を sp³ 混成軌道と

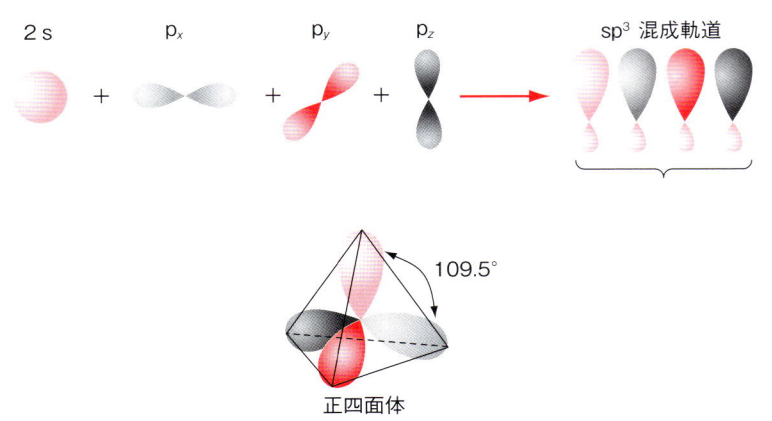

図3・9 sp³混成軌道のでき方と軌道の形

いう。sp³ の 3 は p 軌道が 3 個使われているという意味である。sp³ 混成軌道は全部で 4 個あり，その形は全て等しく，中心（原子核）から互いに 109.5° の角度を持ち，正四面体の頂点方向に突き出している（図 3・9）。

3・3・2　sp³ 混成軌道を用いる分子

sp³ 混成軌道を用いている分子の構造を見てみよう。

A　メタン CH_4（図 3・10）

メタンの炭素は sp³ 混成軌道を使っている。炭素は L 殻に 4 個の電子を持ち，この電子は 4 個の混成軌道に 1 個ずつ入る。したがって炭素は 4 個の不対電子を持つことになり，4 本の共有結合を作ることができる。共有結合を表す直線を**価標**というが，価標の本数は不対電子の個数に比例することになる。

炭素の 4 個の混成軌道のそれぞれに水素原子の 1s 軌道が重なると 4 本の C–H 結合ができ，メタンが完成する。したがってメタンの形は中心角が 109.5° の正四面体ということになる。

B　アンモニア NH_3（図 3・11）

> 分子の形は原子核を結ぶ直線の作る図形で考える。したがって，非共有電子対は分子の形としては考慮されない。

アンモニアの窒素は sp³ 混成である。窒素は L 殻に 5 個の電子を持っている。4 個の混成軌道に 5 個の電子を入れるため，1 個の軌道には 2

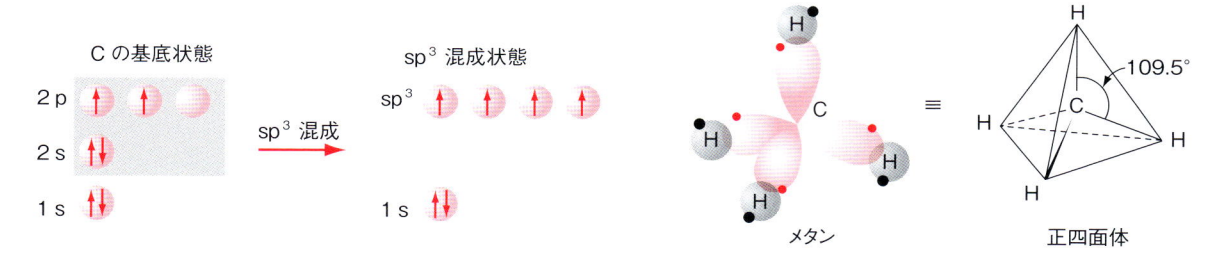

図 3・10　炭素の sp³ 混成軌道とメタンの構造

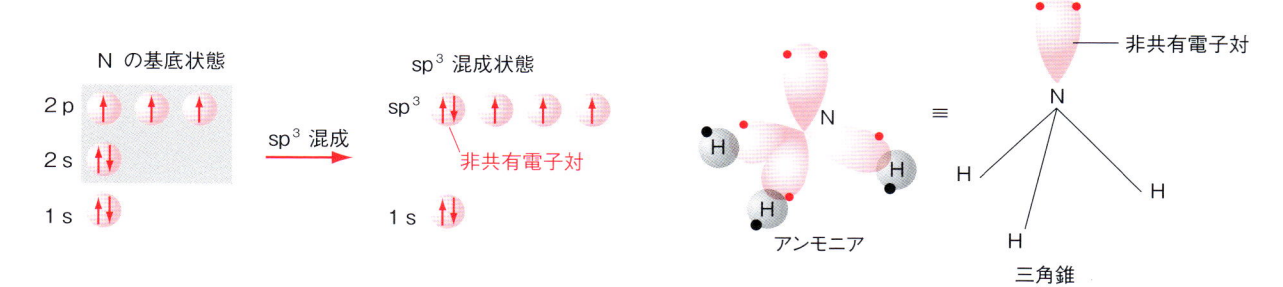

図 3・11　窒素の sp³ 混成軌道とアンモニアの構造

個の電子が入って非共有電子対となる。共有結合を作ることができるのは不対電子だけであるから，窒素の価標は3本ということになる。

不対電子を持つ混成軌道に3個の水素を結合させるとアンモニアが完成する。したがってアンモニア分子の形は三角錐であり，窒素原子の上に非共有電子対が飛び出していることになる。

> アンモニア分子の三角錐では∠HNH = 107.5°である。

C 水 H$_2$O (図3・12)

水の酸素もsp^{3}混成である。酸素の場合には4個の軌道に6個の電子を入れるので非共有電子対が2組になり，価標は2本である。したがって水の角度∠HOHは混成軌道の角度109.5°に近いことになり，実際には104.5°である。

図3・12 酸素のsp^{3}混成軌道と水の構造

3・3・3 多重結合を含む分子

2個の分子が1個ずつの不対電子を出し合い結合した結合を単結合という。それに対して，2個ずつの不対電子，あるいは3個ずつの不対電子で結合した結合をそれぞれ二重結合，三重結合という。ここでは原子は全てsp^{3}混成をしているとして考えてみよう。

> ●発展学習●
> σ結合，π結合とはどのようなものか調べてみよう。

A フッ素分子 F$_2$ (図3・13)

フッ素は4本の軌道に7個の電子を入れるので不対電子は1個だけとなる。したがってフッ素分子は2個のフッ素原子が単結合で結合した分子である。

図3・13 フッ素のsp^{3}混成軌道とフッ素分子の構造

図 3・14　酸素分子の構造

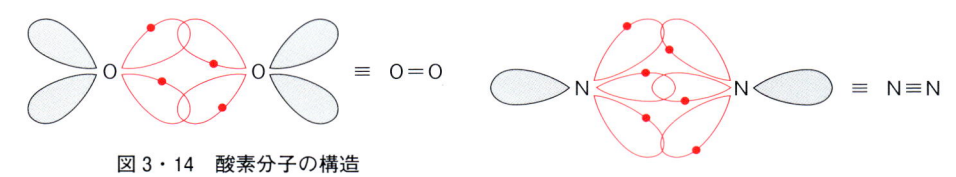

図 3・15　窒素分子の構造

B　酸素分子 O_2（図 3・14）

酸素原子の不対電子は 2 個である。したがって 2 個の酸素原子が 2 本の共有結合を作って結合するので酸素分子は二重結合である。

C　窒素分子 N_2（図 3・15）

窒素原子の不対電子は 3 個である。したがって 2 個の窒素原子が 3 本の共有結合を作って結合するので窒素分子は三重結合である。

D　二酸化炭素 CO_2（図 3・16）

炭素の不対電子は 4 個なので，その 2 個ずつを使って 2 個の酸素原子と二重結合を作る。

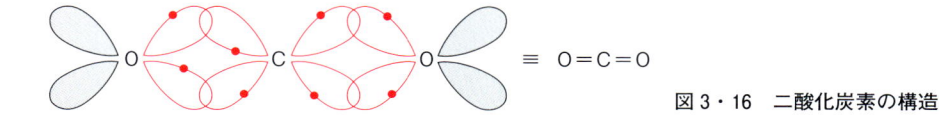

図 3・16　二酸化炭素の構造

3・4　非共有電子対と配位結合

アンモニアや水は非共有電子対を持っている。非共有電子対が作る結合を見てみよう。

3・4・1　アンモニウムイオン NH_4^+

アンモニア NH_3 に水素イオン H^+ が結合した化合物 NH_4^+ をアンモニウムイオンという（図 3・17）。

アンモニウムイオン生成の過程を見ると，アンモニアの非共有電子対に H^+ の空軌道が重なっている。この結果，$N-H^+$ 間には窒素の非共有電子対の 2 個の電子が存在することになり，結果として 2 個の結合電子が存在することになる。すなわち，新しくできた $N-H$ 結合は先にできている 3 本の $N-H$ 結合となんら変わらない結合ということになる。

ただし，結合電子を比較すると，両者に違いがあることがわかる。すなわち，先にできていた 3 本の $N-H$ 結合では，2 個の結合電子のうち 1 個は窒素が出し，もう 1 個は水素が出している。それに対して，新しくできた $N-H$ 結合の結合電子は 2 個とも窒素からきたものである。

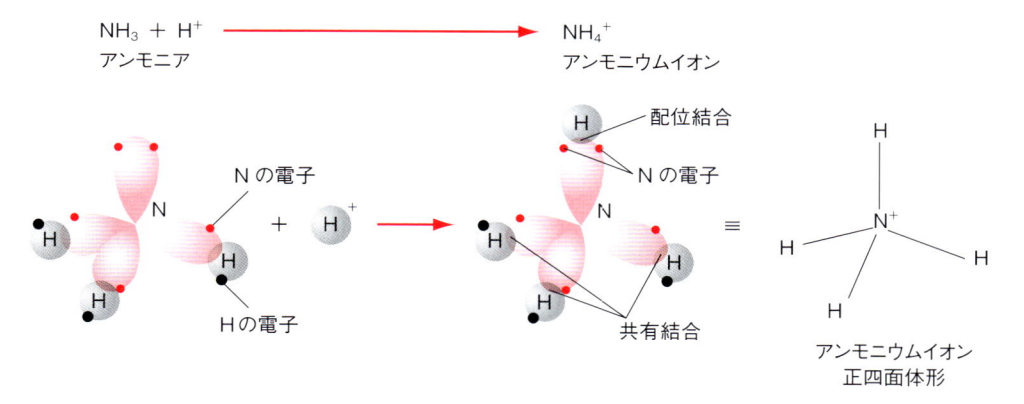

$$NH_3 + H^+ \longrightarrow NH_4^+$$
アンモニア　　　　　　　　　　アンモニウムイオン

図3・17　アンモニアとアンモニウムイオンの構造

　このように，2個の結合電子を1個の原子だけが出している結合を**配位結合**という。しかし，電子に違いがあるわけではないので，配位結合はできてしまえば共有結合と同じことになる。

3・4・2　ヒドロニウムイオン H_3O^+

　水に H^+ が結合したものをヒドロニウムイオンという（図3・18）。ヒドロニウムイオンの新しい O−H 結合はアンモニウムイオンの配位結合と同じである。すなわち，水分子の酸素原子が持っている2組の非共有電子対のうち1組を使って配位結合をするのである。

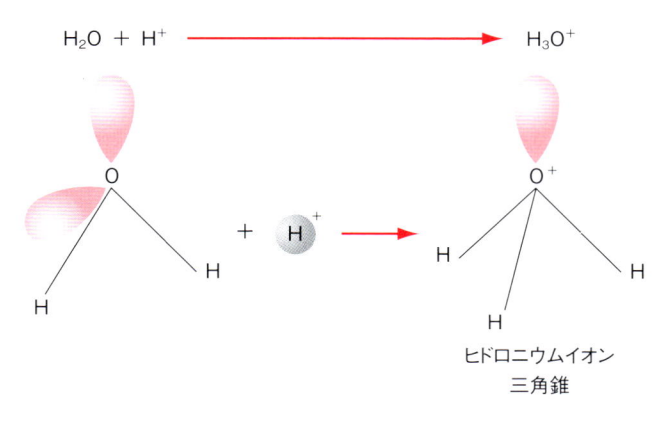

$$H_2O + H^+ \longrightarrow H_3O^+$$

ヒドロニウムイオン
三角錐

図3・18　ヒドロニウムイオンの構造

3・4・3　N−B 結合

　アンモニア NH_3 と水素化ホウ素 BH_3 が結合してできる分子について考えてみよう。

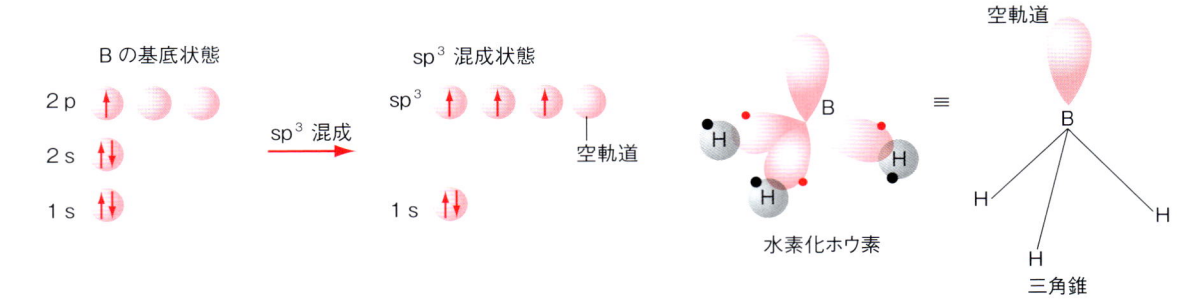

図3・19 ホウ素のsp³混成軌道と水素化ホウ素の構造

実際にはBH₃は存在せず，ジボランB₂H₆として存在する。ここでは配位結合を理解しやすくするため，仮想的なBH₃を用いている。なお，同じような構造のBF₃は存在する。

配位結合をする場合の水素化ホウ素のホウ素はsp³混成である。ホウ素のL殻電子は3個なので，混成軌道の1個には電子が入らず，空になる。このような軌道を**空軌道**という。

ホウ素の3本の価標が3個の水素と結合するので，水素化ホウ素の構造はアンモニアと同様に三角錐となる（図3・19）。

NH₃には非共有電子対があり，BH₃には空軌道がある。したがって非共有電子対と空軌道が重なれば，配位結合ができることになる。このように，配位結合は分子同士を結合させることができる（図3・20）。

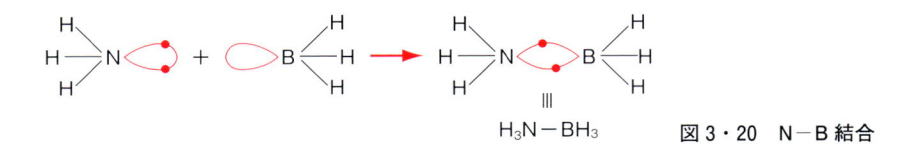

図3・20 N−B結合

●この章で学んだ主なこと

- □1 イオン結合の本質はプラスとマイナスの電荷間の静電引力であり，不飽和性と無方向性が特徴である。
- □2 イオン結合では分子というような単位構造は存在しない。
- □3 金属結合は自由電子が糊となって金属イオンを接着したような結合である。
- □4 共有結合は2個の結合電子を糊のようにして作る結合である。
- □5 共有結合では，2個の結合電子は結合する2個の原子が1個ずつ出し合って作る。
- □6 結合電子になることのできる電子は不対電子である。
- □7 原子は不対電子の個数だけ共有結合を作ることができる。
- □8 電気陰性度の異なる原子が共有結合すると，結合にイオン性が現れる。
- □9 水分子の酸素と水素の間に生じる静電引力を水素結合という。
- □10 s軌道やp軌道を再編成して作った軌道を混成軌道という。

- □11 原子によっては結合するときに混成軌道を用いる。
- □12 sp³混成軌道を用いる分子にはメタン，アンモニア，水などがある。
- □13 酸素分子は二重結合，窒素分子は三重結合である。
- □14 二酸化炭素は炭素が2個の酸素と二重結合したものである。
- □15 2個の結合電子全てを片方の原子が出した結合を配位結合という。
- □16 アンモニウムイオン，ヒドロニウムイオンなどは配位結合を含んでいる。

● 演 習 問 題 ●

1　結合にはどのようなものがあるか答えよ。
2　共有結合にはどのような種類があるか答えよ。
3　イオン結合の不飽和性とはどのようなことか。
4　金属が一般に大きな展性，延性を持つのはなぜか。
5　結合のイオン性とはどのようなことか。
6　水素結合とはどのような結合か。
7　水素化ベリリウムの結合はどのようなものか説明せよ。ただしベリリウムは sp³ 混成とする。
8　アンモニウムイオン，ヒドロニウムイオンはそれぞれどのような形の化合物か。
9　共有結合と配位結合の違いはなにか。

第Ⅰ部 物質の構造

第4章

結晶の構造と性質

● 本章で学ぶこと ●

　結晶は，原子あるいは分子が三次元にわたって整然と積み重なった状態である。しかし，結晶中でも分子は結合振動や結合回転などの運動を行っている。原子，分子がどのように積み重なっているかを表したものを単位格子という。

　結晶には結晶を作る成分によってイオン結晶，金属結晶，分子結晶，共有結合性結晶などがある。水晶は結晶であるが，融かした後に固化させるとガラスになる。ガラスは結晶ではなく，非晶質固体と呼ばれる。

　本章ではこのようなことを見ていこう。

4・1 結晶と格子構造

　結晶は原子や分子などの微粒子が三次元にわたって整然と積み重なった状態である。その積み重なり方にはいろいろあるが，それを表したものを**単位格子**という。

● 発展学習 ●
結晶が液体状態を通らずに直接気体になることを昇華という。昇華性を持つ物質にはどのようなものがあるか調べてみよう。

4・1・1 物質の三態

　水は低温では固体の氷となり，高温では気体の水蒸気となる。このように物質は温度によって結晶（固体），液体，気体の3種類の状態になる。

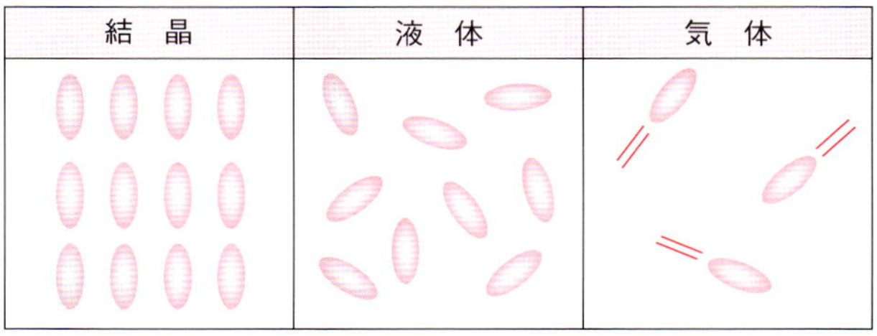

結　晶	液　体	気　体

図4・1　物質の状態と分子の配列模式図

この状態をまとめて**物質の三態**と呼ぶ。

それぞれの状態における分子の様子は図4・1に模式的に示したとおりである。結晶状態では分子は三次元にわたって整然と積み上げられ、移動はしない。液体状態では分子は自由に動き、流動性を持っているが、分子間距離は結晶状態と大きくは変わらないため、密度は結晶とほぼ同じである。それに対して気体状態では分子は激しく動き回っている。そのため分子間距離は非常に大きくなる。

三態の間の変化と、その温度には図4・2に示したように固有の名前がついている。

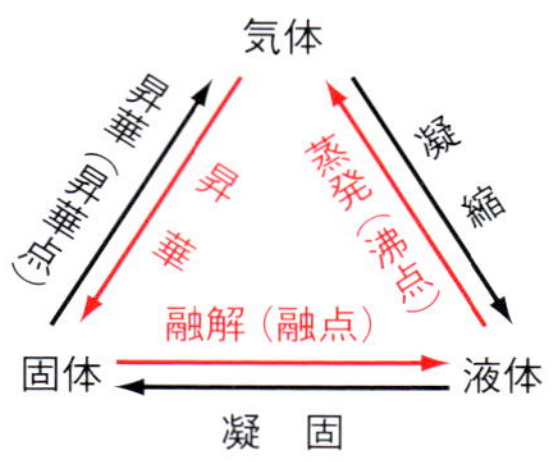

図4・2　物質の状態変化

4・1・2　単位格子

結晶には多くの種類があるが、原子の積み重なり方には規則性がある。何個かの粒子が作る構造単位が繰り返されることによって、全体の結晶ができているのである。このような構造単位を**単位格子**というが、発見者の名前を取って**ブラベ格子**とも呼ばれる。

ブラベ格子は表4・1に示したように14種類が知られている。自然界にある全ての結晶は、この14種類の単位格子のどれかの繰り返し構造になっているのである。

表中の図に示したa, b, cは各辺の長さである。また、各辺を結晶軸と呼び、結晶軸のなす角度をα, β, γで表す。これらは格子定数と呼ばれる。

14種類のブラベ格子は、格子定数と角度の違いにより、7種類の結晶系に分類される。

4・1・3　非晶質固体

結晶は固体であるが、全ての結晶が固体というわけではない。結晶でない固体もある。そのような状態でよく知られたものがガラスである。ガラスは一般に**非晶質固体**、あるいは**アモルファス**といわれる。

ガラスは主に二酸化ケイ素SiO_2でできているが、二酸化ケイ素の結晶は水晶である（図4・3）。水晶を加熱すると溶けて液体になるが、これを冷やすと水晶（結晶）にならずにガラスになる。これは、氷（結晶）を加熱すると水（液体）になり、水を冷やすと氷に戻る水とは大きな違いがある。

これは液体状態の二酸化ケイ素の粘度が高いことに原因がある。液体状態で自由行動をとっていた原子は、粘度が高いため、低温になっても元の位置に戻ることができず、そのうちに低温のために運動エネルギーを失って固化してしまったのである。

●発展学習●
アモルファス金属の性質を調べてみよう。

40 ● 第4章　結晶の構造と性質

表4・1　結晶の単位格子（ブラベ格子）

結晶系	格子定数	単純格子	体心格子	面心格子	底心格子
立方晶系	$a=b=c$ $\alpha=\beta=\gamma=90°$	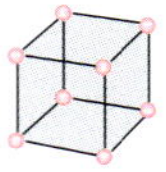 単純立方格子	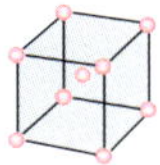 体心立方格子	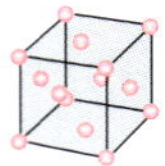 面心立方格子	
正方晶系	$a=b\neq c$ $\alpha=\beta=\gamma=90°$	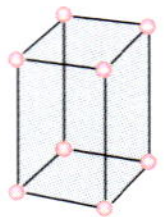 単純正方格子	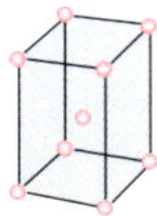 体心正方格子		
斜方晶系	$a\neq b\neq c$ $\alpha=\beta=\gamma=90°$	 単純斜方格子	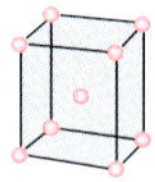 体心斜方格子	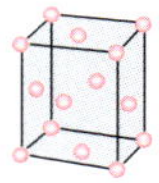 面心斜方格子	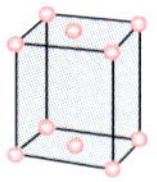 底心斜方格子
三方晶系	$a=b=c$ $\alpha=\beta=\gamma\neq90°$	 菱面体格子	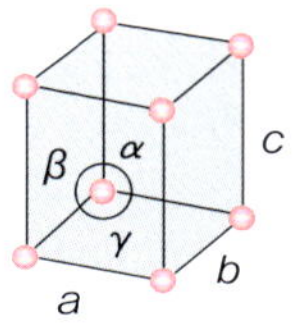		
六方晶系	$a=b\neq c$ $\alpha=\beta=90°$ $\gamma=120°$	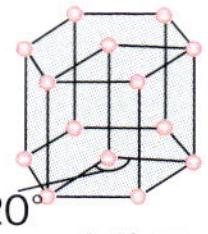 六方格子			
単斜晶系	$a\neq b\neq c$ $\alpha=\gamma=90°$ $\beta\neq90°$	 単純単斜格子			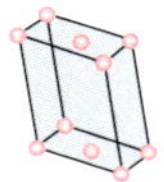 底心単斜格子
三斜晶系	$a\neq b\neq c$ $\alpha\neq\beta\neq\gamma\neq90°$	 三斜格子			

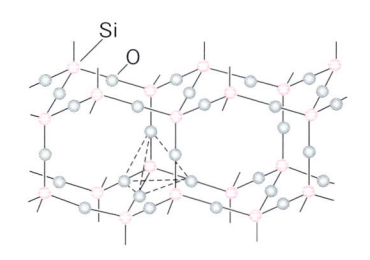

格子の長さ a, b, c
結晶軸のなす角度 α, β, γ

水晶 　　　　　　　　水晶の模式図 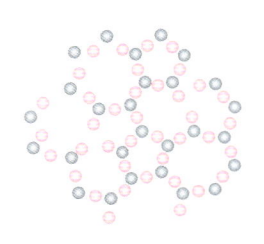　　　　　　　ガラスの模式図

図4・3　水晶とガラス

ガラスは"流動性を失った液体"とでもいうような状態である。

4・2 結晶の種類

結晶を作る物質の種類はたくさんあり，それによって結晶は固有の性質を帯びる。

4・2・1 イオン結晶

イオン結晶はイオン結合でできている物質の作る結晶である。前章で見た塩化ナトリウム NaCl の結晶が典型的なものである。NaCl の結晶では Na^+ の近傍にある Cl^- の個数は 6 個であり，Cl^- の近傍にある Na^+ の個数も 6 個である。

図 4・4 は塩化セシウム CsCl の結晶である。8 個の Cl^- が作る立方体の中心（体心）に Cs^+ が入るので，Cs^+ の近傍に 8 個の Cl^- がある。

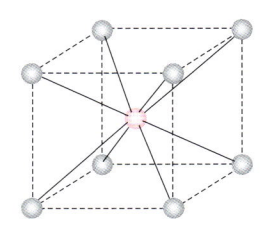

図 4・4 塩化セシウムの結晶構造

4・2・2 共有結合性結晶

共有結合でできた結晶を**共有結合性結晶**という。典型的なものはダイヤモンドである。ダイヤモンドの結晶を構成する全ての炭素原子は共有結合で結ばれている（図 4・5）。その意味では結晶 1 個が 1 分子の巨大分子ともいえるものである。

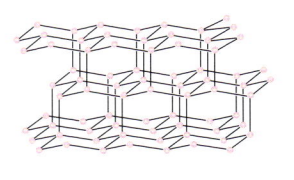

図 4・5 ダイヤモンドの結晶構造

4・2・3 金属結晶

金属原子の作る結晶を**金属結晶**という。金属結晶を作る粒子は金属原子であり完全球体なので，金属結晶の構造は，空間の中にいかに効率よく球を詰め込むかという問題の解のようなものである。

金属の結晶は図 4・6 に示した ① 六方最密充填構造, ② 立方最密充填構造（面心立方構造），③ 体心立方構造 のどれかの構造をとる。このうち，一定体積の空間に最も多くの球を詰め込むことができるのは ① と ② の最密充填構造であり，共に空間の 74 % を球の体積で占めることができる。体心立方構造では少し効率が落ち，68 % となる。

● 発展学習 ●
高分子の結晶状態とはどのようなものか調べてみよう。

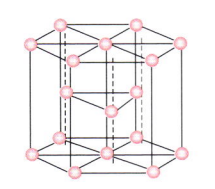

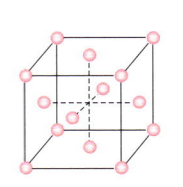

六方最密充填構造＝74%　　立方最密充填構造＝74%　　体心立方構造＝68%
　　　　　　　　　　　　　　＝
　　　　　　　　　　　　面心立方構造

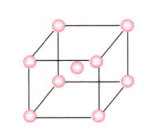

図 4・6 金属結晶の構造型

図4・7　各金属元素の構造型

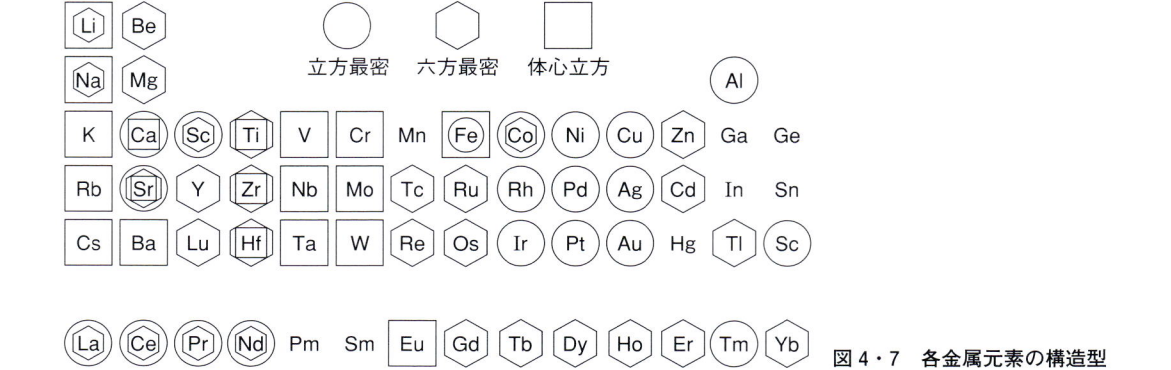

凡例: 立方最密（○）、六方最密（六角形）、体心立方（□）

どのような金属がどのような結晶構造をとるかを図4・7に示した。2種類以上の図形が重なっている金属は状態によっていずれかの結晶構造をとる。そして大きい図形が室温での安定な構造である。

4・2・4　分子結晶

氷（水）や二酸化炭素（ドライアイス）などの分子も結晶構造をとることがある（図4・8）。このように分子が作る結晶を分子結晶という。分子結晶において分子を引き寄せる力は，水素結合やファンデルワールス力などの分子間力である。

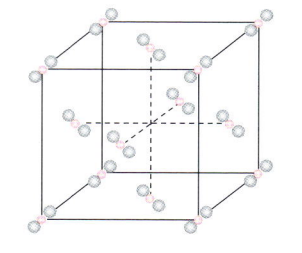

図4・8　二酸化炭素（ドライアイス）の結晶構造

4・3　固体の電気的性質

電気を通す物質を**伝導体**，通さない物質を**絶縁体**，その中間を**半導体**という。電気を通すとはどういうことなのだろうか。

4・3・1　伝導性

図4・9は物質の**伝導性**を表したものである。銀を最高に，金属は全て伝導体である。それに対してガラスやダイヤモンドは絶縁体である。

電流は電子の移動である。純粋な水はほとんど電気を通さないが，不

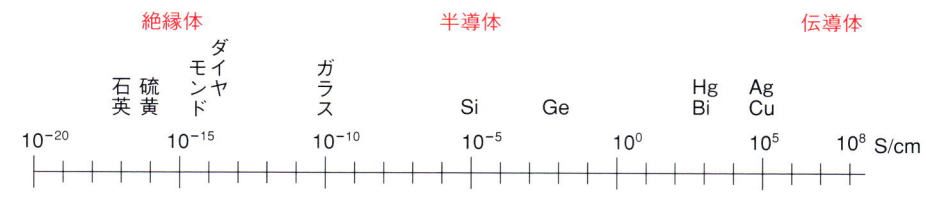

図4・9　物質の電気伝導度（S＝ジーメンス）

絶縁体: 石英、硫黄、ダイヤモンド、ガラス（10^{-20}～10^{-10} S/cm）
半導体: Si, Ge（10^{-5}～10^{0} S/cm）
伝導体: Hg, Bi, Ag, Cu（10^{5}～10^{8} S/cm）

純な水はかなり電気を通す。これは，不純な水に含まれる不純物としてのイオン性物質が電子を運搬しているからである。

溶液と違い，金属は固体で電気を通す。そのしくみはどうなっているのだろうか。

4・3・2 原子振動と伝導性

金属の特色の一つは電気伝導性が大きいことである。ということは，金属結晶中では電子移動が容易に起こることを意味する。金属結晶で電子の移動を司るのは自由電子である。自由電子の移動が容易なら伝導性が高く，困難ならば伝導性が低くなる。

原子は結晶中でも振動しており，この運動は電子の移動を妨げる。そして，原子の運動は絶対温度に比例する。したがって，金属の電気伝導性は低温になるほど大きくなる，すなわち電気抵抗が小さくなる（**図4・10**）。これは温度の上昇と共に伝導度が増加する半導体に比べて，金属の大きな特色である。

◯発展学習◯
半導体の伝導度と温度の関係を調べてみよう。

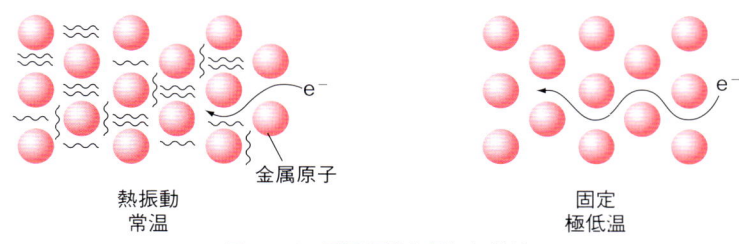

図4・10 原子振動と電気伝導性

4・3・3 超伝導

極低温になると原子はほとんど振動しなくなり，電気抵抗は小さくなる。そしてある温度に達すると金属の電気抵抗は突如0になる。このような状態を**超伝導**状態といい，この温度を**臨界温度**という（**図4・11**）。

◯発展学習◯
高温超伝導とはどのような状態か調べてみよう。

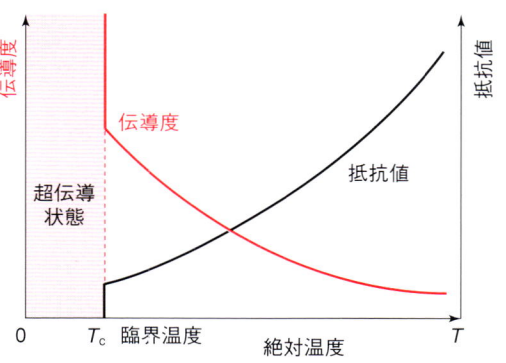

図4・11 金属の電気抵抗と超伝導

実用的な超伝導状態の臨界温度は絶対温度で数度の極低温であり，このような温度を得るためには液体ヘリウムが必須である。

超伝導状態では電気抵抗が0になるため，コイルに大電流を流すことができ，発熱なしに強力な電磁石（超伝導磁石）を作ることができる。超伝導磁石は，リニアモーターカーの車体浮上（磁気反発）や，ヒトの体の断層写真を撮影する MRI などに利用されている。

4・4　固体の磁気的性質

鉄は磁石に吸い付けられるが，アルミニウムは吸いつけられない。物質の持つ磁気的な性質を磁性という。

4・4・1　磁気モーメント

電子は電荷を持つ球であり，自転している。電荷を持つ球が自転すると**磁気モーメント**が生じ，磁性が発生して磁石に吸い付く（図4・12左）。

しかし，磁気モーメントには方向があり，それはスピン方向によって決まる。すなわち，右回りスピンの電子と左回りスピンの電子とでは，絶対値は同じだが方向が反対の磁気モーメントが発生する。したがって電子対では磁気モーメントが相殺されて磁性は消失する（図4・12右）。

結局，不対電子を持つ原子，分子（粒子）だけが磁性を持つことになる。ほとんど全ての有機物は不対電子を持たない。これが，有機物が磁性を持たないことの原因である。

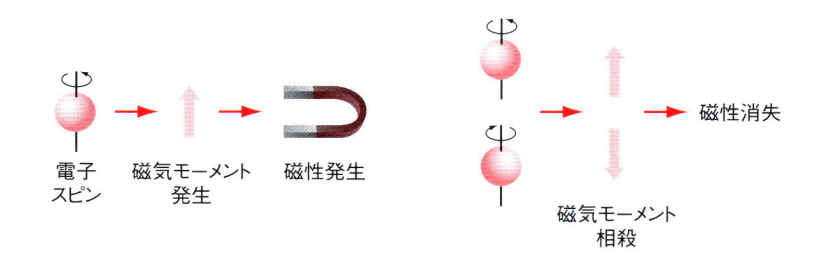

図4・12　電子スピンと磁気モーメント

4・4・2　磁性の種類

不対電子を持つ粒子は磁気モーメントを持ち，磁性を持つ。しかし，それらが物質として磁性を保持するためには，物質という巨大集団全体として磁気モーメントを持たなければならない。

図4・13は集団としての磁気モーメントを表したものである。

図 4・13 磁気モーメントの向きと磁性の関係

A 強磁性
物質を構成する全ての粒子の磁気モーメントが同じ方向を向いたら，物質全体としては巨大な磁気モーメントになる。これを**強磁性**という。

B 反強磁性
反対に粒子1個ずつが互いに反対方向の磁気モーメントを持ったら，集団全体としては磁気モーメントが0となり磁性を失う。これを**反強磁性**という。

C 常磁性
磁気モーメントがあらゆる方向を向いている状態を**常磁性**という。常磁性の物質が磁石に近づくと，その影響を受けて全ての磁気モーメントが一定方向を向き，磁石に吸い付くことになる（図4・14）。鉄が磁石につくのはこのような理由による。

酸素分子も常磁性であり，液体酸素は強力な磁石に吸い付く（図4・15）。

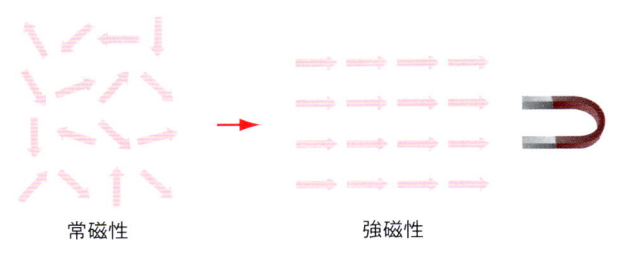

図 4・14 常時性から強磁性への変化

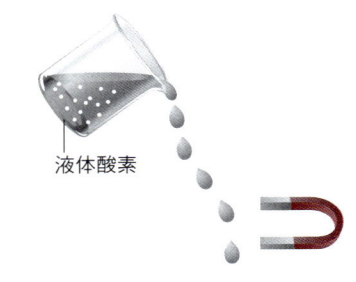

図 4・15 液体酸素は磁石に吸い寄せられる

●この章で学んだ主なこと

- □1 固体，液体，気体を物質の三態という。
- □2 一般に物質は温度によって三態のうちのどれかの状態をとる。
- □3 ガラスは液体が固体になったような状態である。
- □4 結晶は単位格子が連続したものである。

- ☐ 5 単位格子はブラベ格子と呼ばれ，14種類ある。
- ☐ 6 金属結晶は六方最密構造，面心立方構造，体心立方構造のどれかをとる。
- ☐ 7 金属の伝導性は自由電子の移動に基づくものである。
- ☐ 8 温度が上がると，金属の伝導性は下がる。
- ☐ 9 金属の中には極低温で電気抵抗が0の超伝導状態となるものがある。
- ☐ 10 電子が回転すると磁気モーメントが発生する。
- ☐ 11 電子対では，2個の電子の磁気モーメントの方向が反対になり，相殺する。
- ☐ 12 物質の磁気モーメントは，物質を構成する粒子の磁気モーメントの総和である。
- ☐ 13 常磁性の物質が磁石に吸い付くのは，磁石の影響によって磁気モーメントが同じ方向に揃うからである。

演習問題

1 固体と結晶の違いは何か。
2 昇華性を利用したものには何があるか。
3 溶解と融解の違いは何か。
4 次の物質のうち，結晶でないものはどれか。
 a) 氷　b) 白砂糖　c) 茶碗　d) レンズ　e) プラスチック　f) 釘
5 次の物質をイオン結晶と分子結晶に分けよ。
 a) 食塩　b) ナフタレン　c) ドライアイス　d) 明礬（みょうばん）
6 金属の電気抵抗が低温で小さくなるのはなぜか。
7 超伝導とはどのような現象か。
8 超伝導を利用したものにはどのようなものがあるか。
9 一般的に有機物が磁性を持たないのはなぜか。
10 酸素気体は常磁性であるにもかかわらず，磁石に吸い付かないのはなぜか。

第Ⅱ部 酸・塩基と電気化学

第5章

酸・塩基と酸化・還元

● 本章で学ぶこと

　少量であるが，水は分解して水素イオン H^+ と水酸化物イオン OH^- になる。溶液中に H^+ と OH^- が同数存在する状態を中性，H^+ が多い状態を酸性，OH^- が多い状態を塩基性という。

　また，H^+ を放出する物質を酸，OH^- を放出する物質を塩基という。したがって酸・塩基は物質の種類であるが，酸性・塩基性は状態である。

　物質が酸素と結合し，酸素を取り入れたとき，その物質は酸化されたという。反対に物質が酸素を奪われて酸素を失ったとき，その物質は還元されたという。

　他の物質に酸素を与えるものを酸化剤，他の物質から酸素を奪うものを還元剤という。

　本章ではこのようなことを見ていこう。

5・1 酸・塩基の定義

　酸・塩基は化学で最も大切な概念の一つであり，多くの研究分野で用いられる。そのため，それぞれの研究分野に相応しい定義が考案されている。

5・1・1 アレニウスの定義

　酸・塩基を H^+，OH^- の放出を用いて定義するものである。水溶液の酸性・塩基性を考える際に便利である。

アレニウス：Arrhenius, S.

酸：水に溶けて H^+ を出すもの

　塩酸 HCl は解離して H^+ と Cl^- になるので酸である。

$$HA \longrightarrow H^+ + A^-$$
$$HCl \longrightarrow H^+ + Cl^-$$

塩基：水に溶けて OH^- を出すもの

　水酸化ナトリウム NaOH は解離して Na^+ と OH^- になるので塩基

である。また，アンモニア NH_3 は水と反応してアンモニウムイオン NH_4^+ と OH^- になるので塩基である。

$$BOH \longrightarrow B^+ + OH^-$$
$$NaOH \longrightarrow Na^+ + OH^-$$
$$NH_3 + H_2O \longrightarrow NH_4^+ + OH^-$$

5・1・2 ブレンステッド–ローリーの定義

ブレンステッド：Brønsted, J.
ローリー：Lowry, T.

酸・塩基を H^+ の出し入れだけで定義するものである．水溶液以外の系にも適用することができる．

酸：H^+ を出すもの

硝酸 HNO_3 は解離して H^+ と硝酸イオン NO_3^- になるので酸である．

$$HA \longrightarrow H^+ + A^-$$
$$HCl \longrightarrow H^+ + Cl^-$$

塩基：H^+ を受け取るもの

$NaOH$ は H^+ を受け取って Na^+ と H_2O になるので塩基である．
NH_3 は H^+ を受け取って NH_4^+ になるので塩基である．

$$B + H^+ \longrightarrow BH^+$$
$$NaOH + H^+ \longrightarrow Na^+ + H_2O$$
$$NH_3 + H^+ \longrightarrow NH_4^+$$

5・1・3 ルイスの定義

ルイス：Lewis, G.

非共有電子対と空軌道を使って定義するもので，無機化学反応によく用いられる．

酸：空軌道を持っており，非共有電子対を受け入れるもの
塩基：非共有電子対をもっているもの

第3章でみたアンモニアと水素化ホウ素 BH_3 の反応では，NH_3 の非共有電子対と BH_3 の空軌道が（配位）結合した．この場合，非共有電子対を供給した NH_3 が塩基であり，それを受容した BH_3 が酸となる．

$$H_3N\!:\, + \,\square BH_3 \longrightarrow H_3N-BH_3$$

非共有　　空軌道
電子対

塩基　　　酸

表 5・1 酸・塩基の構造と反応

		名称	化学式	構造式	反応
酸	一塩基酸	塩酸	HCl		HCl ⟶ H⁺ + Cl⁻
		硝酸	HNO₃	H–O–N⁺(=O)O⁻	HNO₃ ⟶ H⁺ + NO₃⁻
		酢酸	CH₃COOH	CH₃–C(=O)–O–H	CH₃COOH ⟶ H⁺ + CH₃COO⁻
	二塩基酸	炭酸	H₂CO₃	O=C(O–H)(O–H)	H₂CO₃ ⟶ H⁺ + HCO₃⁻ HCO₃⁻ ⟶ H⁺ + CO₃²⁻
		硫酸	H₂SO₄	(H–O)₂S(=O)₂	H₂SO₄ ⟶ H⁺ + HSO₄⁻ HSO₄⁻ ⟶ H⁺ + SO₄²⁻
		亜硫酸	H₂SO₃	(H–O)₂S=O	H₂SO₃ ⟶ H⁺ + HSO₃⁻ HSO₃⁻ ⟶ H⁺ + SO₃²⁻
	三塩基酸	リン酸	H₃PO₄	H–O–P(=O)(O–H)(O–H)	H₃PO₄ ⟶ H⁺ + H₂PO₄⁻ H₂PO₄⁻ ⟶ H⁺ + HPO₄²⁻ HPO₄²⁻ ⟶ H⁺ + PO₄³⁻
塩基	一酸塩基	アンモニア	NH₃	H–N(H)–H	NH₄OH ⟶ NH₄⁺ + OH⁻
		水酸化ナトリウム	NaOH		NaOH ⟶ Na⁺ + OH⁻
	二酸塩基	水酸化カルシウム	Ca(OH)₂		Ca(OH)₂ ⟶ Ca²⁺ + 2OH⁻

5・1・4 酸・塩基の種類

　酸・塩基には多くの種類がある。そのいくつかを**表 5・1**にあげた。解離して H⁺ となる H を複数個持つ酸を**多塩基酸**という。硫酸 H₂SO₄ は二塩基酸であり，リン酸 H₃PO₄ は三塩基酸である。酢酸 CH₃COOH は分子内に 4 個の水素原子を持つが，H⁺ になることができるのは 1 個だけなので一塩基酸である。

　同様に，解離して OH⁻ となる OH を多数個持つ塩基を**多酸塩基**という。水酸化カルシウム Ca(OH)₂ は二酸塩基である。

解離して OH⁻ となる OH 原子団を持つ塩基をとくにアルカリということがある。NaOH は塩基であり，アルカリである。しかし NH₃ は塩基ではあるがアルカリではない。

5・2 水素イオン濃度と酸・塩基解離定数

　酸・塩基，酸性・塩基性などの強度を定量的に表す指標に水素イオン指数，酸・塩基解離定数などがある。

5・2・1 水の解離

水は少量だが解離して H^+ と OH^- になる。H^+ の濃度 $[H^+]$ と OH^- の濃度 $[OH^-]$ の積は 25℃ で $10^{-14}(mol/L)^2$ であり，この値を**水のイオン積** K_w という。純粋な水は中性であり，H^+ と OH^- の濃度が等しい。したがってこの状態での H^+，OH^- の濃度は $[H^+] = [OH^-] = 10^{-7}$ mol/L となる。

中性状態より H^+ が多い（OH^- が少ない）状態が**酸性**であり，反対に OH^- が多い（H^+ が少ない）状態が**塩基性**である（図 5・1）。

$$H_2O \rightleftharpoons H^+ + OH^-$$

水のイオン積 $K_w = [H^+][OH^-] = 10^{-14}\,(mol/L)^2$

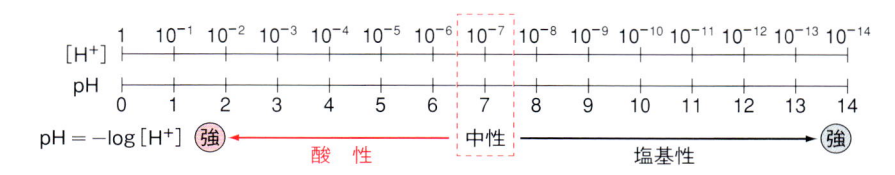

図 5・1　水素イオン濃度と pH

5・2・2 水素イオン指数

溶液が酸性か塩基性かを定量的に表す数値が**水素イオン指数 pH** である。pH の定義は下式である。注意すべき点は以下のとおりである。

$$pH = -\log[H^+]$$

① 対数表示なので，数値が 1 違うと濃度は 10 倍違う。
② マイナスが付いているので，数値の小さい方が H^+ 濃度が高い（強酸性である）。
③ 中性は pH = 7 であり，それより数値が小さいと酸性であり，大きいと塩基性である。

身の回りの物質で酸性，塩基性を示すものの例を**図 5・2** に示した。

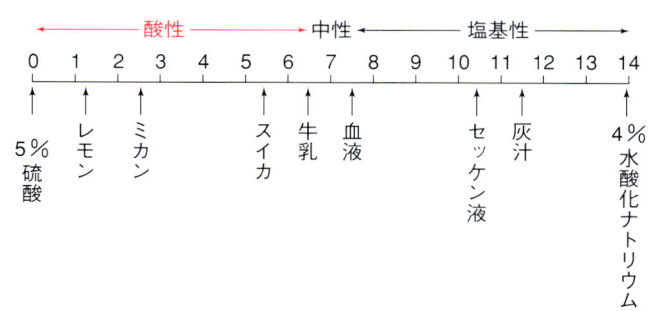

図 5・2　身の回りの物質の pH

5・2・3 酸解離定数

酸 HA は解離して H^+ と A^- になるが,全ての HA が解離するとは限らない。酸の解離は反応式1のようになり,平衡反応である。この反応の平衡定数 K_a を**酸解離定数**という。K_a が大きいものは H^+ を多く出すので強い酸であり,小さいものは弱い酸である。

pH と同様に K_a の対数にマイナスをつけたものを定義し pK_a (ピーケーエー) と呼ぶ。pK_a の小さいものが強酸である。いくつかの酸の pK_a を図5・3に示した。

$$HA \rightleftharpoons H^+ + A^- \quad (反応式1)$$

$$K_a = \frac{[H^+][A^-]}{[HA]}$$

$$pK_a = -\log K_a$$

全く同様に,塩基に対しても**塩基解離定数** K_b と pK_b を定義する。pK_b が小さいものが強塩基である。

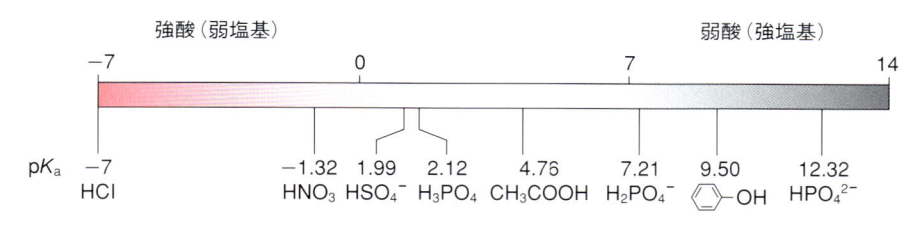

図5・3 強酸(弱塩基)と弱酸(強塩基)の関係

5・3 酸・塩基の反応

酸・塩基はそれぞれが解離反応をする以外に,互いに反応をして塩を生じる。この反応を中和という。

5・3・1 中 和

酸と塩基の間の反応を**中和**という。中和によって水と共に生じる生成物を**塩**という。

1モルの硫酸と1モルの水酸化ナトリウムを反応させると,塩として硫酸水素ナトリウム $NaHSO_4$ が生じる。この塩の中には H^+ として解離することのできる H が1個残っている。このような塩を**酸性塩**という。1モルの $NaHSO_4$ がさらに1モルの水酸化ナトリウムと反応すると硫酸

酸性塩，塩基性塩という名前と，その塩を水に溶かした場合の液性とは無関係である。$NaHCO_3$ は酸性塩であるが，水溶液は塩基性である。

ナトリウム Na_2SO_4 が生じる。ここには H^+ になりうる H がないので**正塩**という。

同様に，水酸化カルシウム $Ca(OH)_2$ と塩酸の反応では，**塩基性塩** $CaCl(OH)$ と正塩 $CaCl_2$ が生じる。

塩を水と反応させると酸と塩基を生じる。この反応を**加水分解**という。

$$H_2SO_4 + NaOH \longrightarrow \underset{\text{酸性塩}}{NaHSO_4} + H_2O$$

$$NaHSO_4 + NaOH \longrightarrow \underset{\text{正塩}}{Na_2SO_4} + H_2O$$

$$HCl + Ca(OH)_2 \longrightarrow \underset{\text{塩基性塩}}{CaCl(OH)} + H_2O$$

$$HCl + CaCl(OH) \longrightarrow \underset{\text{正塩}}{CaCl_2} + H_2O$$

5・3・2 塩の性質

酸と塩基の反応で生じる塩であるが，塩の性質は中性であるとは限らない。塩の性質は反応した酸，塩基のうち，強いものの性質を残す。

すなわち，強酸である塩酸と弱塩基であるアンモニアとの反応で生じる塩，塩化アンモニウム NH_4Cl は水に溶けると酸性を示す。また，弱酸である酢酸 CH_3CO_2H と強塩基である水酸化ナトリウムの反応で生じる酢酸ナトリウム CH_3CO_2Na は塩基性である。

$$\underset{\text{強酸}}{HCl} + \underset{\text{弱塩基}}{NH_3} \longrightarrow \underset{\text{酸性}}{NH_4Cl}$$

$$\underset{\text{弱酸}}{CH_3CO_2H} + \underset{\text{強塩基}}{NaOH} \longrightarrow \underset{\text{塩基性}}{CH_3CO_2Na} + H_2O$$

5・3・3 HSAB 理論

HSAB：
　hard and soft acids and bases

ルイス酸とルイス塩基の反応では，反応しやすいものと反応しにくいものがある。そこで，酸・塩基を硬いもの（hard）と軟らかいもの（soft）に分けてみると，図5・4に示すような関係のあることがわかった。すなわち，硬い物同士，軟らかいもの同士はよく反応するが，硬いものと軟らかいものはあまり反応しないのである。これを HSAB 理論という。

軟らかいものとは，厚い電子雲を持ってフワフワしているものであり，硬いものとは電子雲が薄くゴツゴツしたものである。その例を図に示した。

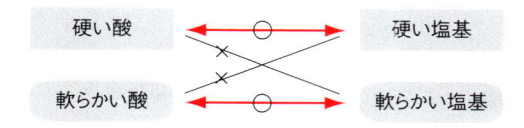

	ルイス酸	ルイス塩基
硬い	H^+, BF_3, Mg^{2+}	F^-, NH_3, H_2O
軟らかい	Cu^{2+}, BH_3, I_2	CN^-, CO, H_2S

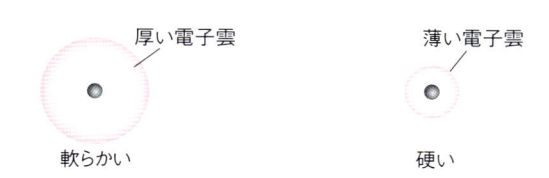

図5・4　HSAB理論

5・4　酸化・還元と酸化数

　酸化・還元は化学反応の中でも特に重要なものの一つである。酸化・還元は酸化数を用いて考えるのが便利である。酸化数とはイオンの価数のようなものであるが，違うところもある。酸化数の計算の仕方を見てみよう。

① 単体の酸化数
単体を構成する原子の酸化数は 0 とする。
分子 H_2 や O_2，あるいは O_3 を構成する H, O の酸化数は 0 である。

② イオンの酸化数
イオンになっている原子の酸化数はそのイオンの価数とする。
Na^+，Cl^-，Fe^{3+} の酸化数はそれぞれ，+1，−1，+3 である。

③ H と O の酸化数
化合物を構成する H と O の酸化数はそれぞれ原則として，+1，−2 とする。

④ 共有結合する原子の酸化数
共有結合で結合する原子は，電気陰性度の大きい方が 2 個の結合電子を全て持つものとしたうえで，② に従って計算する。

　分子 HCl では Cl の方が電気陰性度が大きい。したがって Cl が 2 個の結合電子を持つことになる。その結果 Cl は中性の状態より電子が 1

個多くなるので Cl^- となる。そのため Cl の酸化数は -1 となる。一方，H は電子を失うが，この状態は中性状態より電子が 1 個少ないので H^+ である。したがって，H の酸化数は $+1$ となる。

$$\underset{\text{電気陰性度}\quad 2.1\quad 3.0}{\underset{\text{結合電子}}{H:Cl}} \Longrightarrow \overset{(+1)}{H^+} + \overset{(-1)}{:Cl^-}$$

規則 3 の例外

$$\underset{\text{電気陰性度}\quad 0.9\quad 2.1}{Na:H} \longrightarrow \overset{(+1)}{Na^+} + \overset{(-1)}{H^-}$$

⑤ 分子全体の酸化数

中性の分子を構成する全原子の酸化数の総和は 0 とする。

この約束を用いると，酸化数未知の原子の酸化数を計算できる。例えば，次亜塩素酸 HClO の Cl の酸化数を求めてみよう。Cl の酸化数を X とすれば，規則 ③，④ より $+1 + X - 2 = 0$ となり，$X = +1$ となる。すなわちこの Cl の酸化数は $+1$ である。

HCl の Cl の酸化数は -1 であり，HClO では $+1$ である。このように原子の酸化数は分子によって異なることがある。

$$\overset{(+1)}{H}\ \overset{(X)}{Cl}\ \overset{(-2)}{O}$$

分子全体の酸化数は 0 だから

$$(+1) + (X) + (-2) = 0$$
$$\therefore\ X = +1$$

5・5　酸化・還元と酸化剤・還元剤

「鉄が酸化して錆びた」という場合の動詞「酸化する」は自動詞である。しかし「酸素が鉄を酸化して錆びさせた」という場合の「酸化する」は他動詞である。本書では「酸化する」，「還元する」をもっぱら他動詞として用いることにする。

5・5・1　酸化数と酸化・還元

酸化数を用いると酸化・還元を非常に簡単に定義することができる。すなわち，原子の酸化数が増加したら酸化されたのであり，減少したら還元されたのである。

I　電子の授受

原子 A が電子を放出して陽イオン A^+ になったら，A の酸化数は増加する。したがって原子 A は酸化されたことになる。

反対に原子 A が電子を受け取って陰イオン A^- になると酸化数は減少する。したがって原子 A は還元されたことになる。

$$\overset{(0)}{A} \longrightarrow \overset{(+1)}{A^+} + e^- \quad : A は酸化された$$

$$\overset{(0)}{A} + e^- \longrightarrow \overset{(-1)}{A^-} \quad : A は還元された$$

II 酸素の授受

原子 A が酸素と反応して酸化物 AO になると，その原子の酸化数は 2 だけ増加する。したがって原子 A は酸化されたことになる。

反対に分子 AO が酸素を放出して A になったとする。このとき A の酸化数は 2 だけ減少するので，A は還元されたことになる。

$$\overset{(0)}{A} + O \longrightarrow \overset{(+2)(-2)}{AO} \quad : A は酸化された$$

$$\overset{(+2)}{AO} \longrightarrow \overset{(0)}{A} + O \quad : A は還元された$$

III 水素の授受

原子 A が水素と反応して分子 AH になったとする。このとき A の酸化数は 1 だけ減少する。したがって原子 A は還元されたことになる。

反対に分子 AH が水素を放出して A になったとする。このとき A の酸化数は 1 だけ増加するので，A は酸化されたことになる。

$$\overset{(0)}{A} + H \longrightarrow \overset{(-1)(+1)}{AH} \quad : A は還元された$$

$$\overset{(-1)}{AH} \longrightarrow \overset{(0)}{A} + H \quad : A は酸化された$$

5・5・2 酸素移動と酸化・還元

分子 AO と B が反応して A と BO になったとしよう。すなわち，酸素が A から B に移動したのである。

原子，A, B の酸化数はどう変化するだろうか。最初の状態の A, B の酸化数はそれぞれ，+2, 0 である。それに対して反応後はそれぞれ，0, +2 である。

したがって，A の酸化数は +2 から 0 に減少しているので，A は還元されている。一方，B の酸化数は 0 から +2 に増加しているので，酸化されたことになる。すなわち，この反応では A の還元と B の酸化が同時に起こっているのである。

このように，酸化・還元とは一つの現象（酸素の移動）の裏表である。

$$\underset{\substack{\text{酸化剤} \\ (\text{B を酸化する})}}{\overset{(+2)}{\text{AO}}} + \underset{\substack{\text{還元剤} \\ (\text{AO を還元する})}}{\overset{(0)}{\text{B}}} \longrightarrow \overset{(0)}{\text{A}} + \overset{(+2)}{\text{BO}}$$

$$\overset{(+2)}{\text{AO}} + \overset{(0)}{\text{B}} \longrightarrow \overset{(0)}{\text{A}} + \overset{(+2)}{\text{BO}}$$

A の酸化数：+2 ⟶ 0：A は還元された

B の酸化数：0 ⟶ +2：B は酸化された

5・5・3 酸化剤・還元剤

相手を酸化するものを酸化剤，相手を還元するものを還元剤という。

前項の反応で AO は B に酸素を渡し，B を酸化している。したがって AO は酸化剤である。同時に B は AO から酸素を奪い，AO (A) を還元している。したがって B は還元剤である。

このように，酸化剤自身は酸化反応において酸素を失って還元されており，還元剤自身は酸素を得て酸化されているのである。

● **この章で学んだ主なこと**

- □ 1 アレニウスの定義によれば，酸は水に溶けて H^+ を出すもの，塩基は水に溶けて OH^- を出すものである。
- □ 2 ブレンステッド-ローリーの定義によれば，酸は H^+ を出すものであり，塩基は H^+ を受け取るものである。
- □ 3 ルイスの定義によれば，酸は空軌道を持つもの（電子受容体），塩基は非共有電子対を持つもの（電子供与体）である。
- □ 4 中性とは H^+ と OH^- の濃度が等しい状態であり，酸性は H^+ の多い状態，塩基性は OH^- の多い状態である。
- □ 5 中性とは 25 ℃ において pH = 7 の状態であり，酸性は pH が 7 より小さく，塩基性は 7 より大きい状態である。
- □ 6 酸の強弱は pK_a で表される。pK_a の小さいものが強酸である。
- □ 7 酸と塩基の反応を中和，その反応で生じるものを塩という。
- □ 8 塩は中和に用いた酸，塩基のうち，強いほうの性質を受け継ぐ。
- □ 9 ルイス酸・塩基を硬いものと軟らかいものに分けると，硬いものと硬いもの，軟らかいものと軟らかいものはよく反応するが，硬いものと軟らかいものは反応しにくい。
- □ 10 酸化・還元は酸化数を用いるとわかりやすい。
- □ 11 原子の酸化数が増えたとき，その原子は酸化されたという。反対に酸化数が減少したときには還元されたという。
- □ 12 相手を酸化するものを酸化剤，還元するものを還元剤という。

● 演 習 問 題 ●

1 硫酸は二段階で解離する。その反応式を示せ。

2 水酸化カルシウムは二段階で解離する。その反応式を示せ。

3 pH＝3の状態とpH＝5の状態では，H^+はどちらが何倍多いか。

4 pH＝1の水溶液に水を加えて全体の体積を10倍にした。pHはいくつになるか。

5 pK_a＝4の酸とpK_a＝5の酸ではどちらが何倍強いか。

6 リン酸と水酸化カルシウムが完全に中和反応したときに生じる正塩の構造式を示せ。

7 硝酸HNO_3の窒素の酸化数を計算せよ。

8 H_2S（硫化水素），S_8（硫黄），SO_2（二酸化硫黄），SO_3（三酸化硫黄）におけるSの酸化数を計算せよ。

9 次の反応はテルミット反応と呼ばれるものである。この反応における Fe，Al の酸化数の変化を計算せよ。酸化剤，還元剤はそれぞれ何か。

$$Fe_2O_3 + 2\,Al \longrightarrow 2\,Fe + Al_2O_3$$

10 次の反応はどちらが進行しやすいか。

a）$NH_3 + BH_3 \longrightarrow H_3NBH_3$

b）$NH_3 + BF_3 \longrightarrow H_3NBF_3$

第Ⅱ部 酸・塩基と電気化学

第6章

電気化学

●本章で学ぶこと

電気化学では，物質の変化に伴う物質間での電子の移動と，これに付随するさまざまな現象を扱う．エネルギーの変換や伝搬において，電子の移動は重要な役割を担っている．

電極と化合物の間で起こる電子の移動反応を電気化学反応という．異なる化合物の間で起こる電子の移動反応はそれらの性質の違いに起因し，複数の化合物を適当に組み合わせることで化学電池が作られる．物質の燃焼反応を利用した燃料電池や光電効果を利用した太陽電池なども，エネルギーの効率的な利用技術として研究が行われている．また，電気化学反応を利用した化学工業技術として精錬やメッキがある．

本章では，これらの電子の移動を伴った事項について見ていこう．

6・1 イオン化傾向と電子授受

6・1・1 イオン化傾向

一般に水溶液中の金属単体は電子を放出して陽イオンになろうとする傾向があり，これを**イオン化傾向**という．金属元素について，陽イオンになりやすさを比較して並べたものを**イオン化列**あるいは**電気化学列**という．主な金属元素についてのイオン化列は図6・1のようである．水素は金属ではないが，陽イオンになるのでこれに加えてある．

水素 (H_2) は酸化されプロトンを生成する．

$$H_2 \rightarrow 2H^+ + 2e^-$$

$$Li > K > Ca > Na > Mg > Al > Zn > Fe > Cd > Ni > Sn > Pb$$
$$> (H_2) > Cu > Hg > Ag > Pt > Au$$

図6・1 主な金属元素についてのイオン化列

6・1・2 電子授受

溶液中にイオン化傾向の異なる金属 M および金属イオン L^{n+} が存在すると，電子の授受が起こる（図6・2）．イオン化傾向が M > L である

$$M(s) \longrightarrow M^{m+}(aq) + me^- \quad 酸化反応$$
$$\underline{L^{n+}(aq) + ne^- \longrightarrow L(s) \quad 還元反応}$$
$$nM(s) + mL^{n+}(aq) \rightleftarrows nM^{m+}(aq) + mL(s)$$

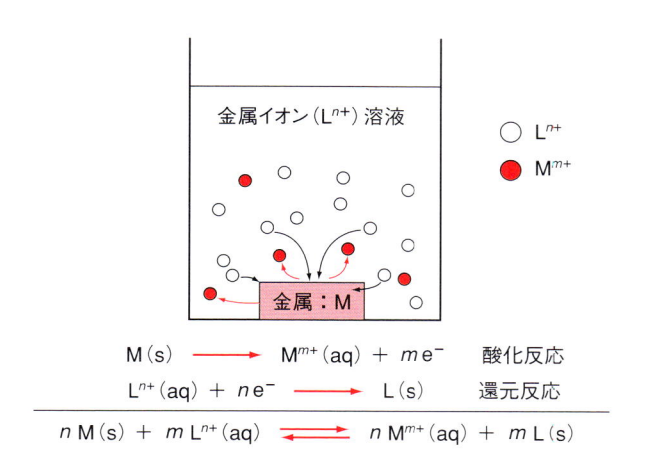

図6・2 溶液内での金属（M）と金属イオン（L^{n+}）の電子授受

s は固体，aq は水溶液，g は気体を意味する。

場合には，金属 M は電子を放出して金属イオン M^{m+} となり溶液へ溶け出し，溶液中の金属イオン L^{n+} は電子を受け取り金属 L となり析出する。このときの，金属 M が電子を放出する反応を**酸化**，金属イオン L^{n+} が電子を受け取る反応を**還元**という。全体として金属 M から金属イオン L^{n+} へ電子が移動したと考えられる。

例えば，イオン化列で上位にある亜鉛 Zn を，下位の銅イオン Cu^{2+} を含む溶液（硫酸銅(II)水溶液）に浸すと，亜鉛は亜鉛イオン Zn^{2+} として溶け出し，銅が亜鉛上に析出する。

$$Zn(s) + CuSO_4(aq) \rightarrow ZnSO_4(aq) + Cu(s)$$

6・2 化 学 電 池 の 原 理

イオン化傾向の異なる金属の固体と金属イオンの溶液が同じ反応容器にある場合には，図6・2で示したような反応が起こる（酸化反応および還元反応）。これらの反応は金属と金属イオン溶液の界面において起こる。

化学電池は，金属の溶け出す反応（酸化反応）と金属の析出する反応（還元反応）を二つの部分に分けることができる。電子が流れる外部回路と，イオン伝導性がある塩橋（飽和電解質溶液）でこれらを接続することにより，化学反応による電子の流れを電流として利用することができる（図6・3）。

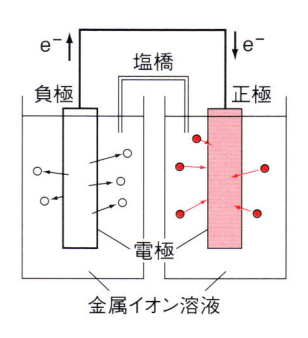

図6・3 化学電池の概念図
（○，● : 金属イオン）

6・2・1 半電池

一つの電極が電解質溶液に接している系を**半電池**という。半電池は金属電極とその金属イオン溶液により構成されている。電極上では電気化学反応が起こり，外部回路で二つ以上の半電池を接続すると化学電池ができる。

6・2・2 起電力

二つの半電池からなる化学電池では，イオン化列で上位（左側）にある金属元素が負極，下位（右側）にあるものが正極となる。化学電池の**起電力**は，それぞれの半電池の電極電位の差となる。化学電池の構成（左右の半電池の電極反応式）により下のように示し，この電池の起電力は式のように求められる。

（左側反応物）｜（左側生成物）‖（右側反応物）｜（右側生成物）
　　（起電力）＝（右側電極電位）−（左側電極電位）

電極電位は絶対値を求めることはできないため，**標準水素電極**を基準とした標準電極電位が用いられる。

6・2・3 化学電池

亜鉛と銅の半電池を組み合わせて化学電池を作ることができ，この化学電池を発明者の名前にちなんで**ダニエル電池**という。イオン化列でより上位（左側）にある亜鉛が負極になり，下位（右側）にある銅が正極になる。この電池を下のように記述すると，起電力は 1.100 V（0.337 −(−0.763)）である。

Zn (s)｜ZnSO$_4$ (aq)‖CuSO$_4$ (aq)｜Cu (s)

このように化学電池は，化合物が酸化あるいは還元される反応により生ずるエネルギー（化学反応エネルギー）を電気エネルギーに変換する機構である。

6・3 二次電池の原理

化学電池のエネルギー変換機構を利用した装置として，種々の電池がある。

標準水素電極は電極に白金黒付白金を用いて 1 mol dm^{-3}（1 mol/L）の水素イオンと 10^5 Pa の水素ガスから構成される半電池である。25 ℃でこの電極の電極電位をゼロとして標準電極電位が求められている。

$$H^+ (aq) + e^- \rightleftarrows \frac{1}{2} H_2 (g)$$

電気化学的平衡が成り立つ電極反応の酸化還元電位（E）は標準電極電位（$E°$），温度および活量（≒濃度，a_o：酸化型の活量，a_r：還元型の活量）の関係で示される。これをネルンストの式という。ここで，F はファラデー定数，n は反応に関係する電子数である。

$$E = E° + \frac{RT}{nF} \ln\left(\frac{a_o}{a_r}\right)$$

●発展学習●
実用されている化学電池の半電池として用いられるものについて調べよう。

6・3 二次電池の原理

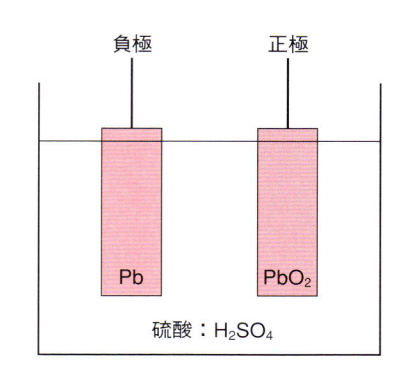

$Pb(s)|PbSO_4(s)|H_2SO_4(aq)|PbSO_4(s)|PbO_2(s)$

負極 $Pb + SO_4^{2-} \underset{充電}{\overset{放電}{\rightleftarrows}} PbSO_4 + 2e^-$

正極 $PbO_2 + SO_4^{2-} + 4H^+ + 2e^- \underset{充電}{\overset{放電}{\rightleftarrows}} PbSO_4 + 2H_2O$

図6・4 鉛蓄電池の概略

6・3・1 充電と放電

電池に電気で駆動する機器を接続して使用する状態を**放電**といい，これにより電池が持つ電力を消費する。逆に，外部から電気エネルギーを注入する状態を**充電**といい，充電には放電時に起こる反応とは逆の反応を進行させる必要がある。

6・3・2 二次電池

市販されている電池のうち，マンガン電池，リチウム電池のように放電するだけのものを**一次電池**といい，鉛蓄電池，ニッケル-カドミウム電池（ニッカド電池）やリチウムイオン二次電池のように放電および充電することのできるものを**二次電池**という。図6・4に鉛蓄電池の概略および負極，正極で起こる充電，放電時の反応を示した。放電時には負極の鉛は酸化され，正極の酸化鉛（Ⅳ）は還元される。いずれの極からも硫酸鉛（Ⅱ）が生成し，充電時には硫酸鉛（Ⅱ）が，鉛，酸化鉛（Ⅳ）と硫酸に変化する。これらの反応をまとめると下式のようになる。

$$PbO_2 + Pb + 2H_2SO_4 \underset{充電}{\overset{放電}{\rightleftarrows}} 2PbSO_4 + 2H_2O$$

鉛蓄電池の起電力は，それぞれの電極反応の標準電極電位から $-2.041\,V\,(-0.356-1.685)$ となる。最近では，さまざまな用途のため起電力，電気容量や環境負荷などを考慮して二次電池が開発されている（表6・1）。

二次電池では電池の容量が減少したような現象が現れるものがある（メモリー効果）。これは，電荷が残った状態で充電を繰り返すことにより放電電圧が徐々に低下することに起因する。

鉛蓄電池では放電により正極で水が生成し，電解質溶液の比重が低下する。逆に充電時には上昇する。

●発展学習●
二次電池の電極反応について調べよう。

表6・1　主な二次電池の種類と特徴

名称	電圧(V)	特徴
鉛蓄電池	2.1	低価格，大型電源
アルカリ電池	1.2	サイクル特性が良，高エネルギー密度，小型
ニッケル水素電池	1.2	サイクル特性が良，高エネルギー密度，小型
リチウム系電池	4.1	高電圧，小型軽量
亜鉛ハロゲン電池	1.85	高エネルギー密度，高エネルギー効率，電力貯蔵用電池
ナトリウム硫黄電池	2.1～1.7	大型電力貯蔵，電力平準化用途

エネルギー密度(Wh/kg, Wh/L)：単位重量あるいは体積当たりのエネルギー
エネルギー効率：放電電力と充電電力の比率

6・4　燃料電池・太陽電池

電気エネルギーはさまざまなエネルギーに変換されて利用され，電池や発電は不可欠なシステムである。エネルギーの効率的利用を目指した新たなシステムとして燃料電池や太陽電池が盛んに研究されている。

6・4・1　燃料電池

燃料電池は，化学燃料の燃焼反応によるエネルギーを電気エネルギーとして利用するシステムである。燃料として水素を用いた水素燃料電池の概略と両極での反応式を図6・5に示した。このシステムで用いられる電極には，水素や酸素を通すように多くの穴が開いた構造（多孔質構造）の材料を用いる。電解質層はイオンの移動（イオン伝導性）が容易な素材が必要である。負極（燃料極）では水素を触媒の作用により電子

> 燃料極での反応を効率よく行わせるために触媒が用いられている。触媒には白金のナノ粒子がよく用いられるが，コストや触媒劣化など解決すべき問題がある。

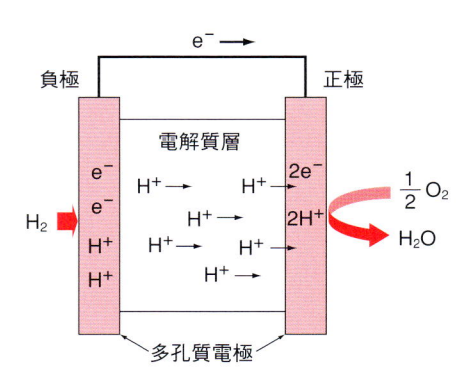

負極：$H_2 \longrightarrow 2H^+ + 2e^-$

正極：$\frac{1}{2}O_2 + 2H^+ + 2e^- \longrightarrow H_2O$

$H_2 + \frac{1}{2}O_2 \rightleftarrows H_2O$

図6・5　水素燃料電池の構造と反応

と水素イオンに分離する。正極（空気極）では外部回路を通って移動した電子と電解質層を通って移動した水素イオンが酸素と反応して水を生成する。用いる電解質層の種類により，固体高分子，アルカリ電解質，固体酸化物，溶融炭酸塩，リン酸型などに分類され，効率よく動作する温度などが異なる。燃料としては水素のほかに，メタノール，液化石油ガス（LPG）などを用いた電池が研究されている。

6・4・2 太陽電池

太陽電池は，太陽の光のエネルギーを直接電気に変えるものである。無尽蔵な太陽をエネルギー源とし，火力や原子力発電と比べて発電時に有害廃棄物の排出がない，クリーンで地球に優しい技術である。しかしながら，気象条件や入射光量が発電電力に影響し，大きな電力を得るためには大きな面積を必要とするなどの問題もある。

一般の太陽電池の原理は以下のようなものである。p型半導体板とn型半導体板とが合わさったpn接合面に光が当たると電界が発生し，電子はn型側に，ホールはp型側に分離される。その結果，太陽光が当たっている間，p型表面がプラス極に，n型表面がマイナス極になる。この両極を導線で結ぶと，導線を通して電流が流れる。太陽電池素子は結晶状態や使用する材料により**表6・2**のように分類される（太陽電池については7・4・2項参照）。

太陽電池装置は，太陽光を降り注ぐそのままの状態で利用する平板型と，光学系などを使って高密度化して太陽電池素子に入射させる集光型の二つの方式に大別できる。

半導体は導体（導電体）と絶縁体の中間的な性質を示すものである。電荷を伝えるものによりn型（電子），p型（ホール，正孔），あるいは真性に分類される。

表6・2　主な太陽電池素子

太陽電池素子	用いられる材料
IV族*半導体	Si（単結晶，多結晶，微結晶，アモルファス），Ge（単結晶）
化合物半導体	GaAs，InP，AlGaAs，CdS，CdTe，Cu_2S，$CuInSe_2$，$CuInS_2$
有機半導体	フタロシアニン，ポリアセチレン
湿式法	TiO_2，GaAs

＊　旧族の番号。4族，14族にあたる。

◯発展学習◯
半導体の種類や特徴について調べよう。

6・5　電気分解と応用

化学電池で進行する化学反応から電気エネルギーへの変換とは逆に，電気エネルギーにより化合物を分解することを**電気分解**（**電解**）という。

6・5・1　電気分解

電気分解では，化合物に外部より高い電圧をかけることで，電極と化合物の間で電子のやり取りが起こる。すなわち電極上で化合物の酸化あるいは還元反応が起こる。電解質水溶液に十分に高い電圧をかけること

◯発展学習◯
電解合成法と化学的合成法を比較して，それぞれの良い点，悪い点を考えてみよう。

マイケル・ファラデーは，電気分解により酢酸カリウム水溶液からエタンの合成に成功した。アクリロニトリルから6,6-ナイロンの原料であるアジポニトリルの合成などが工業化されている。

で，電極上に金属の析出や気体の発生などが起こる。電気分解された化学物質の物質量 (n) は，流れた電気量 ($C=$ (電流 i/A (アンペア))×(電解時間 t/s (秒))) に比例する (**ファラデーの電気分解の法則**)。すなわち，ある化学物質 (酸化体：Ox) が電極上で還元され別の物質 (還元体：Red) に変化する反応を下式のように記述すると，比例定数 (k) は，反応に関与する電子数 (z) とファラデー定数 ($F = 96485$ C/mol) の式で示される。

$$Ox + ze^- \longrightarrow Red$$
$$n = k \cdot C = k \cdot i \cdot t$$
$$k = \frac{C}{z \cdot F}$$

一般的な電気分解では，溶液中で2本の電極を用いて外部から電気を流し，電気化学反応を進める (図6・6)。

溶液には，導電性を高めるために電解質を溶解したものを用いる。この電解質は電極と化学反応を起こさないものを用い，これを支持電解質という。電子が溶液から電極に流れる側を**アノード** (陽極；電池では負極と呼ばれる)，電極から溶液に流れる側を**カソード** (陰極；電池では正極と呼ばれる) と呼ぶ。

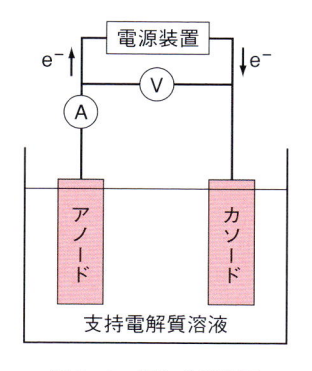

図6・6 電気分解装置

6・5・2 電解メッキ (電気メッキ)

電解メッキは溶液中での電気分解を応用した技術である。メッキしたい物 (電気を通す物) をカソードとして，金属イオンの溶液中で通電することにより表面に金属被膜を施す方法である。電解メッキには，耐腐食性や硬度を高める効果がある。

例えば，高温状態での耐酸化性を向上させるため，自動車や航空機などの部品についてニッケル-タングステン合金によるメッキが行われる。鉄，ステンレス，銅，真鍮やアルミニウムの部品を，ニッケルとタングステンの塩を含む溶液中で電解メッキすることで，融点が1500℃以上の金属被膜ができる。目的によりニッケル，クロム，金，銀，銅などが被膜を作る金属として使用される。

6・5・3 電解精錬

電解精錬は，電解メッキと同様に電気分解を利用して，金属の純度を上げる技術である。同じ種類の金属を電気分解の両極として用い，純度の低い金属をアノード，純度の高い金属をカソードとして接続する。この金属イオンを含む溶液中で電気分解することにより，カソード側には

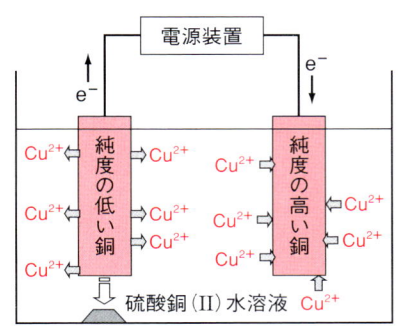

図6・7 銅の電解精錬

純度の高い金属が析出する。

　例えば，銅の電解精錬では，硫酸酸性の硫酸銅(Ⅱ)水溶液中で電気分解を行う（**図6・7**）。これにより，アノードに用いた銅に含まれる不純物のうち銅よりイオン化傾向の大きなものは溶液に溶け出し，小さなもの（金や銀）は陽極泥として陽極の下に沈殿する。次に，陽極泥を焼いて純度の低い銀としてアノードに用いると純度の高い銀が得られ，さらに同様な手順で純粋な金を得ることができる。このような電解精錬ができるのは，銅，銀，金のイオン化傾向の違いによる。

● この章で学んだ主なこと

- ☐ 1　電気化学は物質間での電子移動とこれに伴う現象を扱う。
- ☐ 2　金属元素について陽イオンになりやすさの順をイオン化列あるいは電気化学列という。
- ☐ 3　化学電池は金属の溶け出す反応（酸化反応）と金属の析出する反応（還元反応）を接続することによって起こる電子の流れを電流として利用する。
- ☐ 4　半電池の間には電位差があり，これを化学電池の起電力という。
- ☐ 5　電池の電気エネルギーを使用する状態を放電といい，外部から電気エネルギーを注入する状態を充電という。
- ☐ 6　放電および充電することのできる電池を二次電池という。
- ☐ 7　燃料電池は化学物質の燃焼反応によるエネルギーを電気エネルギーとして利用するシステムである。
- ☐ 8　太陽電池は太陽の光のエネルギーを直接電気に変えるものである。
- ☐ 9　電気エネルギーにより化合物を分解することを電気分解（電解）という。
- ☐ 10　電気分解された化学物質の物質量（n）は，流れた電気量に比例する。
- ☐ 11　電解メッキとは，メッキしたい物をカソードとして通電することにより表面に金属被膜を施す方法である。

□12 同じ種類の金属を電気分解の両極として用い，電気分解することによりカソード側には純度の高い金属が析出する。

● 演 習 問 題 ●

1 Na および Mg の酸化について反応式をそれぞれ示せ。
2 ダニエル電池の正極と負極で起こる反応式を示せ。
3 化学電池の正極にニッケルを用いた場合に使用できる，空気中で安定に取り扱うことができる負極となる金属をあげよ。
4 鉛蓄電池の正極，負極における充電，放電時の反応式を示せ。
5 太陽電池が新しいエネルギーシステムとして有効な理由を説明せよ。
6 標準状態での水素燃料電池の正極，負極における反応の標準電極電位をそれぞれ E^+，E^- とした場合の両極の反応式と起電力を示せ。
7 水の電気分解によりアノード，カソード電極で生成する物質は何か。
8 ニッケルによる電解メッキを行った。2A で 10 分間行った場合に増加する質量を計算せよ（電流効率は 100 % とする）。

第Ⅲ部　元素の化学

第7章

1, 2, 12〜14族の性質と反応

● 本章で学ぶこと

　元素はさまざまな性質を持っている。この第Ⅲ部では，このような元素の性質と反応性を見ていくことにする。元素を典型元素と遷移元素に分け，本章と第8章で典型元素を，そして第9，10章で遷移元素を見る。

　典型元素は1, 2族および12〜18族であるが，本章ではその前半の1, 2, 12〜14族の性質を見ることにしよう。

　1族のうち水素を除いたものはアルカリ金属，2族のうちベリリウムとマグネシウムを除いたものはアルカリ土類金属と呼ばれ，それぞれ +1価，+2価のイオンになりやすい。12族も2族と似た性質を持つ。13族はホウ素族と呼ばれ，+3価の陽イオンになりやすい。14族は炭素族と呼ばれ，イオンにはなりにくい。炭素は多くの有機化合物を作る元素であり，生体にとって無くてはならない元素である。またケイ素は半導体として現代科学を支える元素である。

　本章ではこのようなことを見ていこう。

7・1　1族の性質と反応

　周期表の左端には1から7の数字が振ってある。これは**周期**を表す。周期の数字はその原子の最外殻の量子数である。また周期表の上には1から18の数字が振ってある。これを**族**という。典型元素では族の数字は最外殻に入っている電子の個数を表す。最外殻の電子は価電子と呼ばれ，原子の性質と反応性に大きく影響する。したがって同じ族の原子は似た性質を示すことになる。

　本節で見る1族の原子は，全て +1価の陽イオンになりやすい。1族元素は，第1周期の水素を除いてアルカリ金属と呼ばれる。

図7・1 元素の存在度

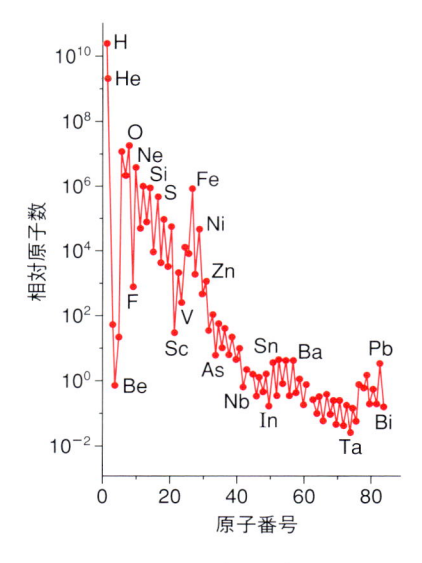

図7・2 水素ガスは気球に利用された

7・1・1 水素の性質と反応

地球上に安定存在する元素は，原子番号1番の水素Hから92番のウランUまでであるが，43番のテクネチウムTcは自然界に存在しないので，実際には91種類である。

原子番号93のネプツニウムと94のプルトニウムは，極めて少量だが自然界に存在することが知られている。

そのうち室温（25℃）で気体の元素は水素H_2（1族），窒素N_2（15族），酸素O_2（16族），フッ素F_2（17族），塩素Cl_2（17族）のほかは，18族の**希ガス元素**のヘリウムHe，ネオンNe，アルゴンAr，クリプトンKr，キセノンXeの，計10種だけである。

A　水素の性質と生成

ビッグバンによって最初にできた元素は水素であり，水素は宇宙に最も多く存在する元素である（図7・1）。水素分子H_2は分子量が2であり，次に軽いヘリウムHe（原子量4）に比べても単位体積当たりの質量は半分に過ぎない。そのため水素はかつて気球などに詰める気体として利用された（図7・2）。

実験室で水素を合成するには，亜鉛Znに塩酸HClあるいは硫酸H_2SO_4を作用させる。

B　水素の反応

●発展学習●
NaH，CaH_2のHの酸化数を調べてみよう。

水素ガスは無色無味無臭である。酸素と爆発的に反応して水となり，水素と酸素が体積比で2：1の気体は，激しい音を立てて反応して水になるので爆鳴気と呼ばれる。

水素は種々の元素と反応して水素化合物を作る。そのうち塩酸HCl，硝酸HNO_3，硫酸H_2SO_4などでは，HがH^+として解離するので酸と呼

ばれる。

$$2H_2 + O_2 \longrightarrow 2H_2O$$
$$Zn + 2HCl \longrightarrow ZnCl_2 + H_2$$
$$Zn + H_2SO_4 \longrightarrow ZnSO_4 + H_2$$

7・1・2 アルカリ金属の性質と反応

1族元素のうち，水素を除く元素を**アルカリ金属**と呼ぶ。アルカリ金属は +1 価の陽イオンになりやすく，銀白色で，ナイフで切れるほど軟らかい金属である。アルカリ金属は激しい反応性をもち，空気中の水分と反応して水酸化物となるので，灯油中に保存する（**図7・3**）。

ある種の金属の塩を炎に入れると特有の色の光を発する。これを**炎色反応**といい，元素の特定のほか，花火などの発色に用いる（**図7・4**）。主なアルカリ金属の性質を次に示す。

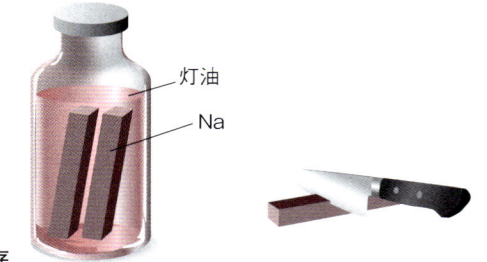

図7・3 ナトリウムの保存

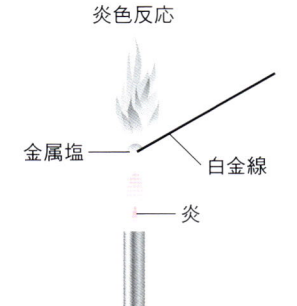

Li	Na	K	Rb	Cs	Ca	Sr	Ba	Cu	In	Tl
深赤	黄	赤紫	深赤	青赤	橙赤	深赤	黄緑	青緑	深青	黄緑

図7・4 元素の炎色反応

A　ナトリウム Na

銀白色の軟らかい金属であり，ナイフで切れる。空気中で酸化されて酸化物になり，水と激しく反応する。融点が低く（97.7 ℃），熱伝導性が良いので高速増殖炉の冷却材に使われる。比重が小さく（0.97），水に浮く。トンネル内などに使われるオレンジ色の光（波長 589 nm）を出すナトリウムランプは，電球内にナトリウム蒸気を入れたものである。

人体には Na^+ として細胞外に多く存在し，神経細胞の信号伝達に使われている。

$$4Na + O_2 \longrightarrow 2Na_2O$$
$$Na_2O + H_2O \longrightarrow 2NaOH$$
$$2Na + 2H_2O \longrightarrow 2NaOH + H_2$$

B　カリウム K

銀白色の軟らかく軽い（比重 0.86）金属であり，ナトリウムより激しい反応性を持つ。人体の細胞内に存在し，ナトリウムと共に神経伝達に使われる。植物の重要な肥料であり，リン P，窒素と共に三大肥料といわれる。

植物を燃やすと，炭素，水素などからなる有機物は二酸化炭素，水となって揮発するが，カリウムなどの金属分は酸化物として残る。これが水に溶けると水酸化カリウム KOH などの塩基になるため，灰を溶かした灰汁は塩基性となる。

$$4K + O_2 \longrightarrow 2K_2O$$
$$K_2O + H_2O \longrightarrow 2KOH$$
$$2K + 2H_2O \longrightarrow 2KOH + H_2$$

C　その他の元素

○ リチウム Li は銀白色の軟らかい金属であり，比重は 0.53 で全金属中最小である。リチウム電池の原料になる。

○ ルビジウム Rb の同位体 ^{87}Rb は半減期の長い（488 億年）放射性元素であり，年代測定に使われる。

○ セシウム Cs の融点は 28.5 ℃ で，水銀に次いで金属中で 2 番目に低い。最も反応性に富む元素の一つである。原子時計に用いられる。

○ フランシウム Fr は半減期の短い（22 分）放射性元素であり，1939 年に発見された。

> ● 発展学習 ●
> 比重が約 5 より小さい金属を軽金属という。どのようなものがあるか調べてみよう。

> フランシウムはアクチニウムの原子核反応によって次々と補充されるため，半減期は短いが無くならない。

7・2　2族と12族の性質と反応

2族と12族は異なる族であるが，共に +2 価の陽イオンになりやすい

金属であるので，いっしょに扱うことにしよう．

7・2・1　2族の性質と反応

ベリリウムとマグネシウムを除いたものは**アルカリ土類金属**と呼ばれ，＋2価の陽イオンになりやすい．炎色反応で特有の色を示すものが多い．

A　マグネシウム Mg

銀白色の軽い（比重 1.74）金属であり，熱水と反応する．アルミニウムとの合金はジュラルミンと呼ばれて，航空機の材料として欠かせないものである（図 7・5）．燃焼するときに強い光を発するので以前は写真のフラッシュに用いられた．

水素ガスを吸収する水素吸蔵金属であり，自重の 7.6 ％ の水素を吸収する．吸収された水素原子は，マグネシウム結晶の間隙に入り込むものと考えられる．リンゴが一杯に詰められた箱の中でも，小さな豆は入ることができるのと同様である（図 7・6）．

植物の葉緑素（クロロフィル）に含まれ（図 7・7），光合成において中心的な働きをする．

$$Mg + 2H_2O \longrightarrow Mg(OH)_2 + H_2$$

図 7・5　マグネシウムとアルミニウムの合金ジュラルミンは航空機に利用される

●発展学習●
マグネシウムを用いた有機化学反応にグリニャール反応がある．マグネシウムがどのように使われているか調べてみよう．

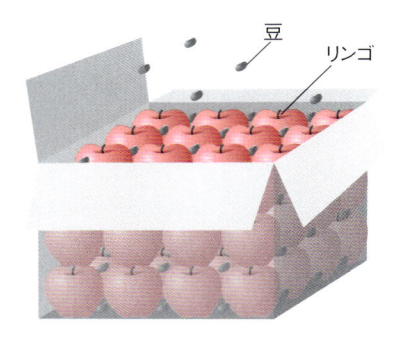

図 7・6　マグネシウムが水素を吸蔵する理由
リンゴがいっぱいに詰められた箱でも，小さな豆はその隙間に入れるのと同様である．マグネシウムがリンゴに，水素が豆に相当する．

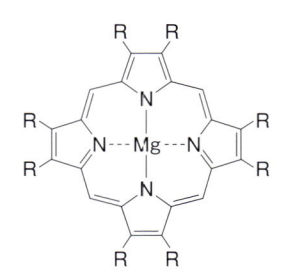

図 7・7　マグネシウムはクロロフィルに含まれる

B　カルシウム Ca

銀白色の軟らかい金属であり，高温で水と反応して水素を発生する．酸化カルシウム CaO は生石灰（せいせっかい）とも呼ばれ，水と反応して水酸化カルシウム（消石灰（しょうせっかい））$Ca(OH)_2$ となるので乾燥剤に用いられる．しかしこの際，高温を発するので，注意を要する．

硫酸カルシウム $CaSO_4$ は結晶水を取って固体（石膏）となるので，彫刻（図 7・8），医療（ギプス），建材などに用いられる。

人体では骨や歯の成分として欠かせないものである。

$$CaO + H_2O \longrightarrow Ca(OH)_2$$
$$Ca(OH)_2 + H_2SO_4 \longrightarrow CaSO_4 + 2H_2O$$

C　その他の元素

○ ベリリウム Be は毒性の強い金属であるが，中性子を吸収するので原子炉の制御剤に用いられる。

○ ストロンチウム Sr は赤い炎色反応を示すので花火に用いられる。^{90}Sr は放射性であり，危険である。

○ バリウム Ba のイオン Ba^{2+} は有害であるが，硫酸バリウム $BaSO_4$ は難溶性であり，X 線を透過しないので X 線造影剤に用いられる。

○ ラジウム Ra は強い放射能をもち，危険である。

図 7・8　硫酸カルシウムは石膏となる

7・2・2　12 族の性質と反応

本書では典型元素として扱うが，本によっては遷移元素に入れることもある。

A　亜鉛 Zn

青みを帯びた白色金属であり，鉄板にメッキしたものはトタンと呼ばれ，建材に使われる（図 7・9）。銅との合金は真鍮（しんちゅう）であり，金に似た美しい金属である。生体では細胞分裂に関係し，不足すると味盲症になる。

B　カドミウム Cd

青みを帯びた白色の金属であり，ニッケル-カドミウム電池（ニッカド電池；図 7・9）やブラウン管の蛍光剤に使われる。中性子を吸収するので原子炉の制御剤（10・4 節参照）に用いられる。有毒であり，富山県神通川流域で起こったイタイイタイ病の原因になった。

C　水銀 Hg

銀色の液体金属であり，融点は $-38.9\,℃$ である。各種の金属を溶かして**アマルガム**を作る。金アマルガムを銅像に塗り，加熱して水銀を蒸発させると銅像は金メッキされる（図 7・9）。奈良の大仏も創建当初はこのようにしてメッキされた。

水銀灯や蛍光灯の発光源であり，最初に超伝導性が発見された金属でもある。有害であり，熊本県で発生した水俣病の原因になった。

図7・9 12族元素（亜鉛，カドミウム，水銀）の用途

7・3 13族の性質と反応

ホウ素族と呼ばれ，＋3価のイオンになりやすい。

7・3・1 ホウ素の性質と反応

ホウ素Bは黒くて硬い固体であり，**半導体**の性質を持つ。ホウ酸 H_3BO_3 は消毒剤やゴキブリ退治に用いられる。酸化ホウ素 B_2O_3 を混入したガラスは熱膨張率が小さいので，耐熱ガラスとして理化学機器や調理器具に用いられる（図7・10）。水素とホウ素の化合物は一般にジボランと呼ばれ，特有の結合様式と構造を持つ（図7・11）。

7・3・2 アルミニウムの性質と反応

アルミニウムAlは銀白色の軟らかい金属である。比重が小さい（2.70）ので，ジュラルミンなどの軽量合金として航空機の構造材となる。

アルミニウムは地殻中で酸素，ケイ素に次いで3番目に多い元素である。精錬には，鉱石であるボーキサイトから純粋の酸化アルミニウム

耐熱ガラス

図7・11 ジボラン (B₂H₆), 4ボラン (B₄H₁₀) の構造

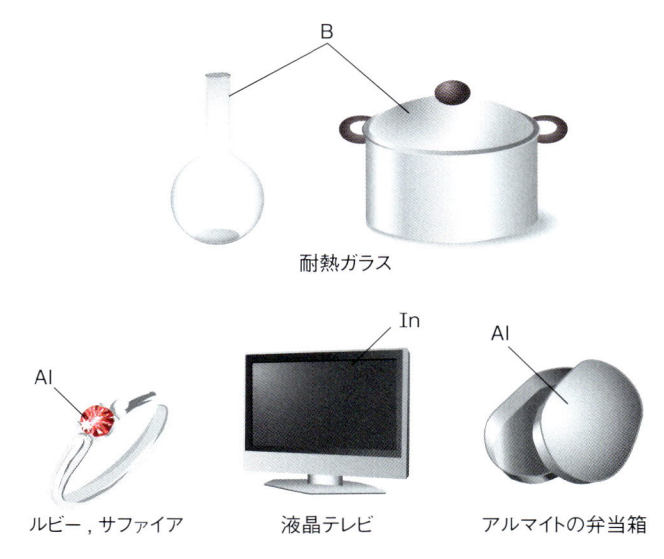

ルビー, サファイア　　液晶テレビ　　アルマイトの弁当箱

図7・10 13族元素 (ホウ素, アルミニウム, インジウム) の用途

● 発展学習 ●
なぜ氷晶石を加える必要があるのか調べてみよう。

● 発展学習 ●
不動態は他にどんなものがあるか調べてみよう。

(アルミナ) Al_2O_3 を作り, これを氷晶石と混ぜて融かしたものを電気分解する。この方法を発明者の名前を取ってホール・エルー法という。

アルミナは緻密な構造を持つため, アルミニウムがさらに酸化されるのを防ぐ。このようなものを**不動態**という。アルミナは酸とも塩基とも反応するので両性酸化物といわれる。

宝石のルビーやサファイアは (**図7・10**), アルミナに少量の不純物が混じることによって発色したものである。

$$Al_2O_3 + 6\,HCl \longrightarrow 2\,AlCl_3 + 3\,H_2O$$
$$Al_2O_3 + 3\,H_2O + 2\,NaOH \longrightarrow 2\,Na[Al(OH)_4]$$
$$(Al_2O_3 + 2\,NaOH \longrightarrow 2\,NaAlO_2 + H_2O)$$

7・3・3　その他の元素

A　ガリウム Ga

ガリウムは青みを帯びた銀白色の軟らかい金属である。融点は29.8 ℃で, 水銀, セシウムに次いで低い。ヒ化ガリウム GaAs は半導体の原料, 窒化ガリウム GaN は青色ダイオードの原料である。

B　インジウム In

銀白色の金属であり, 固体金属の中では最も軟らかい。酸化インジウム In_2O_3 に 5 % ほどのスズ (Tin) Sn を混ぜたものをガラスに蒸着したものは, 高い伝導性を持ちながらも透明なので, ITO電極と呼ばれ, 液

晶テレビなどに利用されている（**図7・10**）。

C　タリウム Tl

白色の軟らかい金属であるが毒性が強く，殺鼠剤などに使われる。

7・4　14族の性質と反応

14族は**炭素族**と呼ばれる。炭素は非金属，ケイ素とゲルマニウムは半導体，スズと鉛は金属である。

7・4・1　炭素 C の性質

炭素はイオンにならず，結合は共有結合である。炭素は有機物の中心元素であり，生体にとって最も重要な元素である。

A　炭素の単体

炭素の単体にはいくつかのものが知られている（**図7・12**）。

a）**ダイヤモンド**：炭素が共有結合で結合したもので，最も硬い物質であり，高い透明度と大きな屈折率を持つ。工業用には人造ダイヤが大量に使われている。絶縁体である。

b）**グラファイト**：6個の炭素がハチの巣状に結合し，その単位構造が無限に繰り返したシート状の構造がある。このシートが何枚も重なったのがグラファイトである。力が加わるとシートが滑るので軟らかい。伝導性を持ち，特に面内の伝導度が高い。鉛筆の芯に使われる。

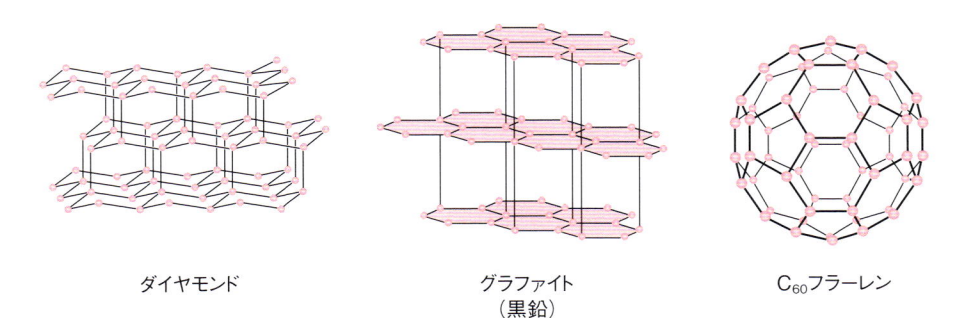

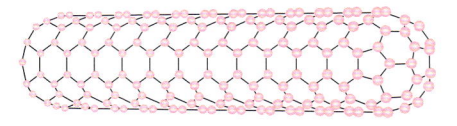

屈折率はダイヤモンド（2.42）よりルチル（TiO_2, 2.62～2.90）のほうが大きい。

ダイヤモンド　　　　グラファイト　　　　C_{60} フラーレン
　　　　　　　　　　（黒鉛）

カーボンナノチューブ

図7・12　炭素の同素体

c）**カーボンナノチューブ**：グラファイトのシートが筒状に丸まったものである。通常，両端は炭素が作った五角形構造を使って閉じている。入れ子のように何層にも重なったものもある。機械的強度が強く，半導体の性質を持つので，各種構造材や電子機器としての応用が期待されている。

d）**フラーレン**：サッカーボールのように，炭素でできた六角形構造と五角形構造を使って真球状の構造になった分子であり，分子式は C_{60} である。炭素数が60個以上で，回転楕円体になったものもある。超伝導体，磁性体，半導体など，次世代を担う素材である。

B 炭素化合物

炭素化合物のうち，構造の簡単なものだけを無機物として扱う。

a）**二酸化炭素**：地球上の熱をため込んで放散しないので，地球温暖化の原因物質であり，温室効果ガスの一種である。水に溶けると炭酸となり弱酸性を示す。

b）**一酸化炭素**：炭素を含む化合物が不完全燃焼をすると発生する気体で有毒である。

7・4・2 ケイ素 Si，ゲルマニウム Ge の性質

ケイ素は半導体である。ケイ素に3族元素を不純物として加えたものは電子不足の p 型半導体であり，5族元素を加えたものは反対に電子過剰の n 型半導体である。p 型と n 型の半導体を接着したものに太陽光を当てると電気が起こるので**太陽電池**となる（図7・13；6・4・2項参照）。

二酸化ケイ素 SiO_2 はガラスや陶磁器の主な材料として重要であり，ガラスは光通信の媒体として高速通信の担い手である。

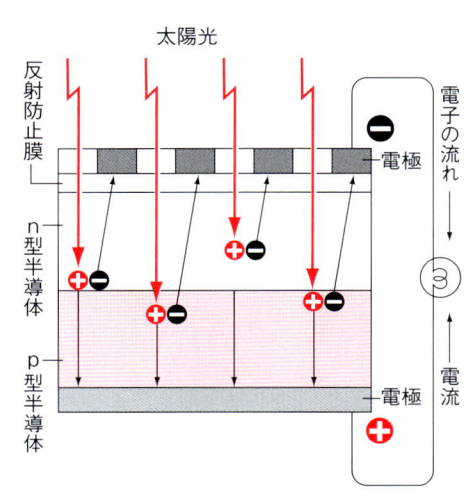

図7・13 太陽電池のしくみ

図7・14 スズ，鉛の用途

ゲルマニウムも半導体であり，かつてはトランジスターとして使用された。

7・4・3 スズ Sn，鉛 Pb の性質

スズは灰白色の金属であり，鉄板にメッキしたものはブリキと呼ばれ，缶詰の缶（図7・14）やオモチャなどにも用いられる。銅との合金は青銅（ブロンズ）と呼ばれ，銅像などに用いられる。

鉛は青灰白色の軟らかく重い（比重11.3）金属である。スズとの合金は半田と呼ばれ，鉄などの接着に用いられる（図7・14）。鉛蓄電池の成分である。放射線を遮るので放射線防御施設に使われる。しかし，毒性があるので取り扱いには注意を要する。

○発展学習○
鉛には毒性があるため，鉛の代りにビスマス Bi を用いた半田が使われつつある。

● この章で学んだ主なこと

- □1 水素はビッグバンによって最初にできた元素であり，宇宙で最も多い。
- □2 水素は最も軽い気体である。
- □3 水素を得るには亜鉛と塩酸の反応などを利用する。
- □4 アルカリ金属は反応性が激しく，水と爆発的に反応して水素を発生する。
- □5 ナトリウムはナトリウムランプに利用する。
- □6 ナトリウム，カリウムは神経細胞の情報伝達を司っている。
- □7 マグネシウムは水素吸蔵金属である。
- □8 カルシウムは人体の骨や歯を形成している。
- □9 亜鉛は細胞分裂に関係し，不足すると味盲症になる。
- □10 水銀は他の金属を溶かしてアマルガムを作る。
- □11 水銀は水銀灯や蛍光灯の発光源である。
- □12 アルミニウムの酸化物，アルミナは不動態となる。
- □13 アルミナはルビーやサファイアの主成分である。
- □14 ガリウムは青色ダイオードの原料である。
- □15 炭素には，ダイヤモンドやグラファイト（黒鉛），カーボンナノチューブなどの同素体が

- □16 二酸化炭素は地球温暖化効果を持つ温室効果ガスである。
- □17 ケイ素，ゲルマニウムは半導体である。
- □18 スズを鉄板にメッキするとブリキとなり，銅と混ぜると青銅となる。
- □19 鉛は鉛蓄電池の原料になり，半田の主成分であるが毒性を持つ。

演習問題

1 水素と酸素の反応式を書け。
2 水素を人の乗る気球に用いないのはなぜか。
3 酸化ナトリウムと水の反応式を書け。
4 マグネシウムと水の反応式を書け。
5 マグネシウムの比重は1.74である。マグネシウムは体積で何倍の水素ガスを吸蔵するか。
6 酸化ホウ素が水に溶けてホウ酸になる反応式を書け。
7 一酸化炭素が酸素と反応する反応式を書け。
8 二酸化炭素が水に溶けて炭酸になる反応式を書け。
9 単体，同素体，同位体の違いを述べよ。
10 炎色反応とはどのようなものか。また何に利用されているか。

第Ⅲ部　元素の化学

第8章

15～18族の性質と反応

●本章で学ぶこと

15族は窒素族と呼ばれ，酸化数として −3をとりやすい。窒素はタンパク質を構成する元素であり，またリンはDNAを構成する元素で，共に生体にとって重要である。窒素は体積で大気の8割を占める。

16族は酸素族，あるいはカルコゲン元素と呼ばれ，−2価のイオンになりやすい。酸素は大気の2割を占め，生体にとって不可欠の元素である。硫黄はタンパク質を構成する元素であり，やはり生体にとって大切な元素である。

17族はハロゲン元素と呼ばれ，−1価のイオンになる。フッ素，塩素は激しい反応性を持ち，化学にとって重要な元素である。

18族は希ガス元素と呼ばれ，安定で反応性の乏しい元素である。しかし，ヘリウムやネオンは現代科学にとって欠かせない元素である。

本章ではこのようなことを見ていこう。

8・1　15族の性質と反応

15族は**窒素族**と呼ばれる。この族の原子は最外殻に5個の電子を持っている。そのため3個の電子を取り入れて閉殻構造になって安定化しようとするので，酸化数として −3をとることが多い。

8・1・1　窒素の性質

窒素 N_2 は無色無味無臭の気体であり，体積で大気の8割を占める。**液体窒素**は沸点が −196 ℃（77 K）と低いため，冷却材に用いられる。タンパク質を作るアミノ酸の構成元素であり（図8・1），生体にとって重要な元素である。

適当な触媒を用いて窒素と水素を反応させるとアンモニアが生成する

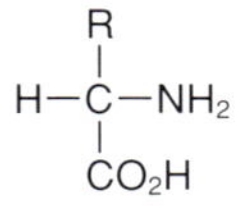

図8・1　アミノ酸の構造

表 8・1 窒素酸化物, 窒素水素化物の性質

酸化数	+5	+4	+3	+2	+1	0	-1	-2	-3
化学式	N_2O_5	NO_2 N_2O_4	N_2O_3	NO	N_2O	N_2	NH_2OH	N_2H_4	NH_3
性質	無色固体	黄色液体	赤褐色気体	無色気体	無色気体	無色気体	無色固体	無色液体	無色気体

> 雨は空気中の CO_2 を溶かすため, 普通でも pH 5.3 程度の酸性である。酸性雨というのはこれより酸性の強い雨をいう。
>
> N_2O は地球温暖化の原因物質の一つである。

(ハーバー–ボッシュ法) が, マメ科の植物は根粒バクテリアによって空気中の窒素を体内に取り入れている。

窒素は多くの酸化数をとることができ, それに応じて何種類もの酸化物と水素化物がある (表 8・1)。石炭, 石油などの化石燃料を燃やすと, 中に含まれる窒素が酸化されて各種の窒素酸化物が生成するが, これらをまとめて NOx (ノックス) という。NOx は水に溶けると硝酸や亜硝酸などの酸となるため, 酸性雨の原因物質の一つである。また光化学スモッグの原因物質でもある。

8・1・2 リンの性質

> ● 発展学習 ●
> ポリリン酸の構造を調べて ATP の構造と比較してみよう。

リン P には白リン, 赤リン, 黒リンという三つの**同素体**がある (図 8・2)。白リンは猛毒であり, 赤リンは無毒でマッチの原料となる。黒リンは半導体である。リンは遺伝を司る DNA や RNA という核酸の重要な構成元素である。また, 生体のエネルギー貯蔵物質である ATP (図 8・

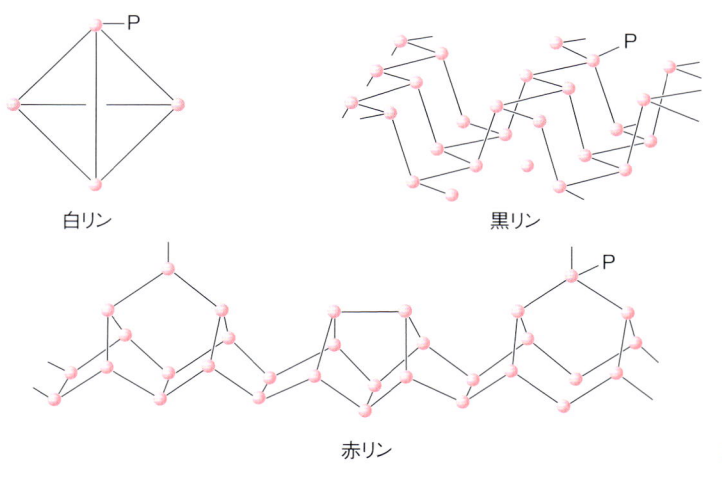

図 8・2 リンの同素体

図 8・3 ATP の構造

3) の構成元素でもある。

8・1・3 ヒ素・アンチモン・ビスマスの性質

ヒ素 As には灰色ヒ素, 黄色ヒ素, 黒色ヒ素の三つの同素体がある。三酸化二ヒ素は猛毒であり, 殺鼠剤やシロアリ駆除剤などに用いる。ガリウムとの化合物 GaAs は青色ダイオードの原料である。

アンチモン Sb は銀灰色の金属である。可燃性の繊維に三酸化アンチモン Sb_2O_3 を添加すると燃えにくくなるので, 難燃性繊維に使用された。しかしアンチモンには毒性があるため, 現在では用いられない。

ビスマス Bi は赤白色の金属である。鉛の代わりに半田に用いられる。ビスマスは医薬品の成分にも含まれ, 抗がん剤や胃潰瘍の治療薬として用いられる。

8・2　16族の性質と反応

16族は**酸素族**あるいは**カルコゲン元素**といわれる。カルコゲンはギリシャ語で鉱石を作るものという意味である。−2価のイオンになりやすい。

8・2・1　酸素の性質

酸素 O_2 は無色無味無臭の気体であり, 体積で大気のほぼ2割を占める。酸素分子は不対電子を2個持っているため常磁性であり, 液体酸素は強力な磁石に吸い付く（図8・4）。酸素を発生させるには過酸化水素に触媒として少量の二酸化マンガンを加える。

A　同素体

酸素には同素体がある。**オゾン** O_3 である。オゾンは淡青色の気体

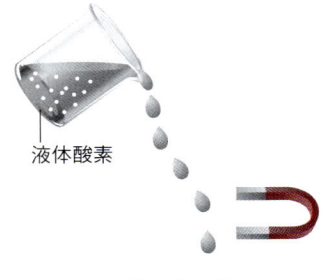

図8・4　液体酸素は磁石に吸い寄せられる

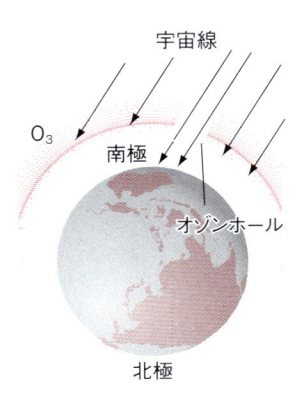

図8・5　オゾン層は宇宙線を遮蔽する

で，強い酸化作用を持つ有害ガスである．成層圏の上部にはオゾン濃度の高いオゾン層があり，宇宙から来る有害な宇宙線を遮蔽している（図8・5；オゾンホールについては8・3・1項参照）．

B　酸化物

酸素は非常に反応性に富む元素であり，多くの元素と反応して酸化物を作る．非金属の酸化物は水に溶けると酸となるので，**酸性酸化物**という．それに対して金属の酸化物は水に溶けると塩基になるので，**塩基性酸化物**という．しかし，前章で見た酸化アルミニウムのように，酸にも塩基にも反応するものがあり，それを**両性酸化物**という．

8・2・2　硫黄の性質

○発展学習○
タンパク質の立体構造とジスルフィド結合 S-S の関係を調べてみよう．

硫黄 S にはいくつかの同素体があるが，室温で安定に存在するのは黄色の斜方硫黄，黄色の単斜硫黄（図8・6），ゴム状のゴム状硫黄である．硫黄は窒素と同様に多くの酸化数をとることができる．

硫黄の酸化物をまとめて SOx（ソックス）という（表8・2）．SOx は水に溶けると亜硫酸などの酸になるため，酸性雨の原因物質である．硫

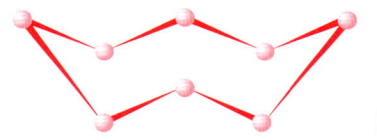

図8・6　S_6（単斜硫黄，斜方硫黄）の構造

表8・2　硫黄酸化物の性質

酸化数	+2	+3	+4	+6	+7	+8
化学式	SO	S_2O_3	SO_2	SO_3	S_2O_7	SO_4
性質	無色気体	青緑色固体	無色気体	無色固体	無色油状	白色固体

表8・3　硫黄酸化物の構造

名称	化学式	構造	名称	化学式	構造
亜硫酸	H_2SO_3	HO\S=O / HO	ニチオン酸	$H_2S_2O_6$	O O ‖ ‖ HO-S-S-OH ‖ ‖ O O
硫酸	H_2SO_4	O ‖ HO-S-OH ‖ O	ピロ硫酸	$H_2S_2O_7$	O O ‖ ‖ HO-S-O-S-OH ‖ ‖ O O
チオ硫酸	$H_2S_2O_3$	S ‖ HO-S-OH ‖ O			

酸類似体を**表8・3**にまとめた。
　アミノ酸には硫黄を含むものがあり，タンパク質の立体構造を形成するうえで重要な役割を演じている。

8・2・3　セレン・テルル・ポロニウムの性質

　セレン Se は半導体であり，光によって伝導度が変化するので，写真撮影の際の露出計やコピー機の感光材に用いられる。
　テルル Te は銀灰色の半導体であり，毒性がある。
　ポロニウム Po は**放射性元素**であり，α線（^{4}He の原子核）を放出して鉛になる。自然界から得るのは困難であり，原子核反応によって人工的に作る。

S を含むアミノ酸

CH_2SH
$H_2N-C-CO_2H$
　　　 $|$
　　　 H
　　システイン

$CH_2CH_2-S-CH_3$
$H_2N-C-CO_2H$
　　　 $|$
　　　 H
　　メチオニン

8・3　17族の性質と反応

　17 族は**ハロゲン元素**と呼ばれる。ハロゲンとはギリシア語で "塩(えん)を作るもの" という意味である。−1 価のイオンになりやすいので，他から電子を奪い取る，つまり酸化作用がある。酸化作用の強さは F > Cl > Br > I の順である。
　ハロゲン化水素は水に溶けて酸となるが，酸としての強さは H^+ を放出する能力であり，HI > HBr > HCl > HF となる。HF は H^+ と F^- の間の静電引力が大きく，H^+ が自由イオンとして放出されにくいので弱酸なのである。

8・3・1　フッ素の性質

　フッ素は淡黄色の気体であり，非常に反応性の高い元素である。フッ化水素 HF は腐食性が強く，ガラスを溶かすのでガラスエッチングに用いる（**図8・7**）。
　炭素とフッ素の化合物，および，それに水素や塩素が加わった化合物は一般にフロンと呼ばれる（**表8・4**）。フロンは人工的に作られた化合物で，沸点が低いことからエアコンの冷媒などとして大量に用いられた。

● 発展学習 ●
フロンの代り（代替フロン）として用いられているものは何か調べてみよう。

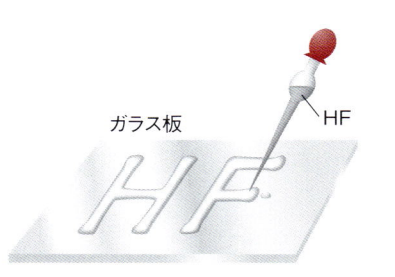

図8・7　HF によるガラスエッチング

表8・4 フロンの構造と沸点

名称	構造	沸点 (℃)
フロン 12	CF_2Cl_2	−29.8
フロン 22	CHF_2Cl	−40.8
フロン 113	$CFCl_2-CF_2Cl$	47.6

しかしフロンは上空のオゾン層のオゾンを破壊してオゾンホールを形成することがわかり（図8・5参照），製造，使用が禁止されている。

8・3・2 塩素の性質

塩素は緑色の気体であり，食塩の電気分解によって得られる（図8・8）。水に溶けて塩化水素 HCl と次亜塩素酸 HClO となる。有機物に塩素が結合した有機塩素化合物はかつて農薬として多く用いられたが，分解しにくく，残留毒性があるため，製造使用が差し控えられている。

$$Cl_2 + H_2O \longrightarrow \underset{\text{塩化水素}}{HCl} + \underset{\text{次亜塩素酸}}{HClO}$$

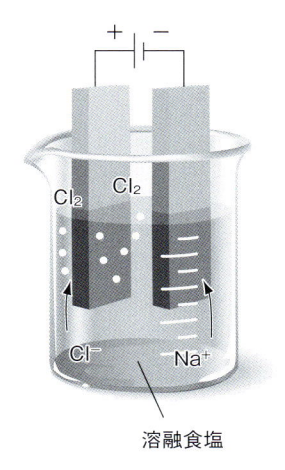

図8・8 食塩の電気分解により Cl_2 を得る

塩化ビニルを重合したポリ塩化ビニルはエンビと呼ばれ，プラスチックとして大量に用いられている。

$$\text{ポリエチレン} \quad \cdots -CH_2-CH_2-CH_2-CH_2- \cdots$$

$$\text{ポリ塩化ビニル} \quad \cdots -CH_2-\underset{Cl}{CH}-CH_2-\underset{Cl}{CH}- \cdots$$

8・3・3 臭素・ヨウ素・アスタチンの性質

臭素 Br_2 は赤黒い液体であり，皮膚につくと激しい炎症を起こす。臭化銀は感光性を持つので銀塩写真のフィルムとして大量に用いられた。

ヨウ素 I_2 は赤黒色の固体であり，昇華性をもつ（図8・9）。甲状腺ホルモンのチロキシンに含まれる。

アスタチン At は放射性元素であり，化学的性質はヨウ素に似ている。

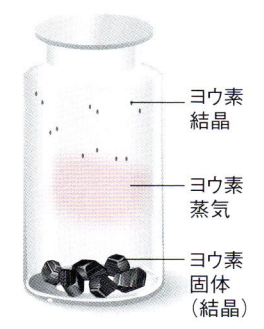

図8・9 ヨウ素は昇華性を持つ

8・4 18族の性質と反応

18族元素は**希ガス元素**といわれる。かつては**貴ガス元素**ともいわれた。他の元素と反応せず，孤高を保つという意味である。不反応性は閉殻構造による安定性のためである。全ての元素が気体である。

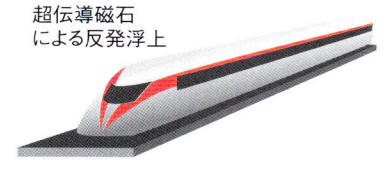

気球・飛行船　　　　　　　　リニアモーターカー　　　　　　　ネオンサイン

図8・10　18族元素（ヘリウム，ネオン）の用途

8・4・1　ヘリウムの性質

ヘリウム He は原子の状態で安定に存在する。このようなものを**単原子分子**といい，ネオン Ne，アルゴン Ar など，希ガス元素に限られる。ヘリウムは宇宙では水素に次いで多い気体である。ヘリウム（原子量4）は水素（分子量2）に次いで2番目に軽い気体であるが，水素と違って燃焼，爆発の危険性がないので気球や飛行船に用いられる（図8・10）。

液体ヘリウムの沸点は −269 ℃（4 K）なので，超伝導状態を得るためなどの冷媒として欠かせないものである（図8・10）。空気中にも微量に存在するが，一般には地殻で起こる原子核反応による生成物として，油井から得る。

8・4・2　ネオン・アルゴンの性質

ネオン Ne をガラス管に詰めて放電すると赤い光を放つ。これがネオンサインである（図8・10）。

アルゴン Ar は大気中に高濃度 0.93 % で含まれるので，液体空気の分留によって得られる。不活性なので電球や真空管などに入れられる。ヘリウム，ネオン，アルゴンはレーザーの光源にもなる。

8・4・3　クリプトン・キセノン・ラドンの性質

クリプトン Kr やキセノン Xe は希ガスであるが，フッ素との間で化合物を作ることが知られている（図8・11）。

ラドン Rn は放射性元素である。ラジウム $_{88}$Ra が α 崩壊すると $_{86}$Rn となり，ラドンはさらに α 崩壊してポロニウム $_{84}$Po となる。

図8・11　キセノンとフッ素の化合物の構造　　XeF_2　　XeF_4　　XeF_6

● この章で学んだ主なこと

- ☐ 1　15族は窒素族と呼ばれ酸化数として −3 をとりやすい。
- ☐ 2　窒素は各種の酸化数をとることができる。
- ☐ 3　窒素の酸化物をまとめて NOx といい，酸性雨，光化学スモッグの原因となる。
- ☐ 4　窒素を水素と反応させるとアンモニアとなる（ハーバー–ボッシュ法）。
- ☐ 5　窒素はアミノ酸に含まれ，生体にとって重要な元素である。
- ☐ 6　リンは DNA や RNA，ATP の構成元素であり，生体にとって重要な元素である。
- ☐ 7　16族は酸素族あるいはカルコゲン元素と呼ばれ，−2価のイオンになりやすい。
- ☐ 8　酸素は常磁性であり，液体酸素は磁石に吸い付く。
- ☐ 9　非金属の酸化物は酸性であり，金属の酸化物は塩基性である。
- ☐ 10　アルミニウム酸化物は酸とも塩基とも反応する両性酸化物である。
- ☐ 11　硫黄はいろいろの酸化数をとることができる。
- ☐ 12　硫黄の酸化物をまとめて SOx といい，酸性雨の原因となる。
- ☐ 13　17族はハロゲン元素と呼ばれ，−1価のイオンになりやすい。
- ☐ 14　炭素と水素，塩素，フッ素の化合物をフロンといい，オゾンホールの原因と考えられている。
- ☐ 15　塩素を含む有機物を有機塩素化合物といい，農薬などとして用いられた。
- ☐ 16　18族は反応性に乏しく，希ガス元素と呼ばれる。
- ☐ 17　ヘリウムは気球に，ネオンはネオンサインなどに用いられる。

● 演 習 問 題 ●

1. 窒素と水素からアンモニアができる反応の反応式を示せ。
2. N_2O_5 を水に溶かしたらどのような酸になるか。反応式で示せ。
3. 15族の全ての元素の名前と元素記号を示せ。
4. 毎日膨大な量の化石燃料が燃焼し，酸素は二酸化炭素となっている。にもかかわらず，地球の酸素量がほぼ一定なのはなぜか。
5. SOx，NOx とは何のことか。また何の原因になっているか。
6. 窒素，リン，硫黄，それぞれの酸化物を水に溶かしたとき，生成する可能性のある酸の構造式を示せ。
7. フッ素が身近に使われている例をあげよ。
8. 塩素を水に溶かしたら何ができるか。反応式で示せ。
9. ヘリウムは水素の2倍の比重があるのに，気球に用いられるのはなぜか。
10. キセノンが作る分子の構造式を示せ。

第Ⅲ部 元素の化学

第9章

遷移元素の性質と反応

● 本章で学ぶこと

　元素は典型元素と遷移元素に分けることができる。典型元素は周期表の1, 2族および12〜18族であり, 遷移元素はその間の3〜11族である。

　典型元素は族ごとに明確な性質の違いがあるが, 遷移元素では族が異なっても性質の違いは明瞭ではない。遷移元素とは,「周期表の両端にある典型元素に挟まれて, 徐々に性質を変えていく(遷移する)元素」, という意味で付けられた名前である。

　典型元素には標準状態で気体, 液体, 固体のものがあるが, 遷移元素は全てが固体であり金属である。そのため遷移元素は遷移金属と呼ばれることもある。

　本章では遷移元素のうち, 3族以外のものを見ていこう。

9・1　遷移元素の電子配置

　元素の性質は電子によるものであり, 電子配置が元素の性質を決定する。遷移元素の性質も同様であり, したがって遷移元素の性質を明らかにするためには遷移元素の電子配置を明らかにする必要がある。遷移元素が典型元素と異なるのは, d軌道, f軌道に電子が入る点である。

9・1・1　軌道エネルギーと原子番号

　同じ軌道でもその軌道エネルギーは全ての原子で同じわけではない。電子と原子核の間の静電引力を見てみよう。水素 ($Z=1$) の原子核の電荷は +1 である。しかし炭素 ($Z=6$) では +6 である。引力に違いのあることは明らかである。このような理由によって, 同じ軌道のエネルギーは原子番号の増加と共に低下する。

　図9・1に示したように, 原子番号が増加するとs軌道, p軌道のエネルギーは低下する。

88 ● 第9章 遷移元素の性質と反応

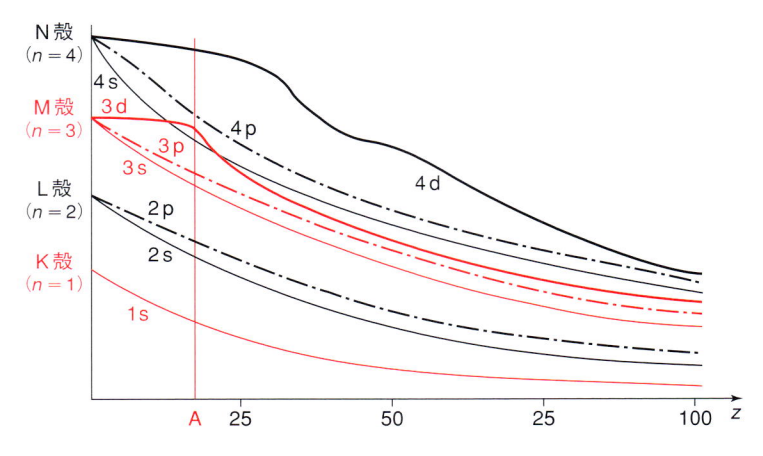

図9・1 原子番号による軌道エネルギーの準位の変化

9・1・2 軌道エネルギーの逆転

しかしd軌道のエネルギーは不規則な動きをする。このため，図にZ＝Aで示した原子では，軌道エネルギーの順序が

$$1s < 2s < 2p < 3s < 3p < 4s < 3d$$

となり，3d軌道と4s軌道のエネルギーが逆転している。

このため電子は3d軌道，すなわちM殻に入る前に4s軌道，すなわちN殻に入ることになる。これは，原子の内部軌道を空にして，外側の軌道に先に電子が入ることを意味する。そして，4s軌道が一杯になってから再び内側の3d軌道に入っていくのである（**図9・2**）。

このように，新たに加わった電子が3d軌道に入っていく一連の元素を**遷移元素**という。4d-5sの間，5d-6sの間でも全く同様のことが起こり，これらの元素も遷移元素と呼ばれる。なお，次章で見るランタノイド，アクチノイドでは，電子はさらに内側のf軌道に入る。

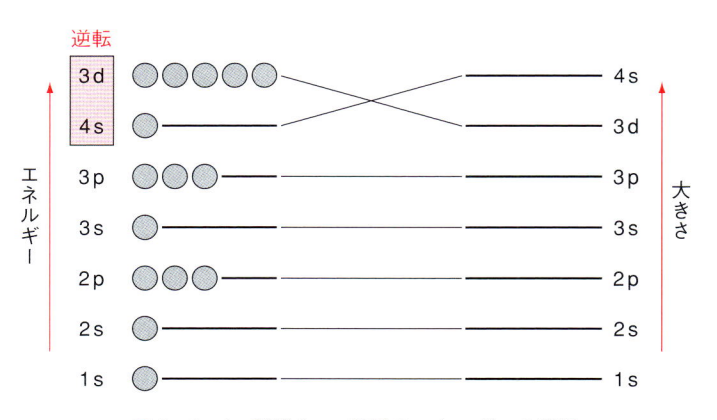

図9・2 3d軌道と4s軌道のエネルギーの逆転

表9・1 元素の電子配置

原子番号	元素	K	L		M			原子番号	元素	K	L		M			N	
		1s	2s	2p	3s	3p	3d			1s	2s	2p	3s	3p	3d	4s	4p
1	H	1						19	K							1	
2	He	2						20	Ca							2	
3	Li	2	1					21	Sc						1	2	
4	Be	2	2					22	Ti						2	2	
5	B	2	2	1				23	V						3	2	
6	C	2	2	2				24	Cr						5	1	
7	N	2	2	3				25	Mn						5	2	
8	O	2	2	4				26	Fe						6	2	
9	F	2	2	5				27	Co	Arの電子配置 ($1s^2 2s^2 2p^6 3s^2 3p^6$)					7	2	
10	Ne	2	2	6				28	Ni						8	2	
11	Na				1			29	Cu						10	1	
12	Mg				2			30	Zn						10	2	
13	Al				2	1		31	Ga						10	2	1
14	Si	Neの電子配置 ($1s^2 2s^2 2p^6$)			2	2		32	Ge						10	2	2
15	P				2	3		33	As						10	2	3
16	S				2	4		34	Se						10	2	4
17	Cl				2	5		35	Br						10	2	5
18	Ar				2	6		36	Kr						10	2	6

(原子番号21〜29の領域は遷移元素)

9・1・3 d 軌道を含めた電子配置

表9・1は元素の電子配置である。アルゴン Ar で 3p 軌道まで満員になった後，カリウム K で増えた 1 個の電子は 3d 軌道に入らず 4s 軌道に入る。つまり，電子がそれまでの M 殻から，半径の大きい N 殻に入ることになる。

そして Ca で 4s 軌道（N 殻）が満員になると，スカンジウム Sc からの電子は 3d 軌道，すなわち再び M 殻に入っていく。ということは，Sc 以降の増えた電子は，原子の内側に入っていくことを意味する（図9・3）。

このように，増えた電子が原子の内側に入っていく原子（$Z = 21 \sim 29$）が遷移元素なのである。それ以外の元素は典型元素と呼ばれる。

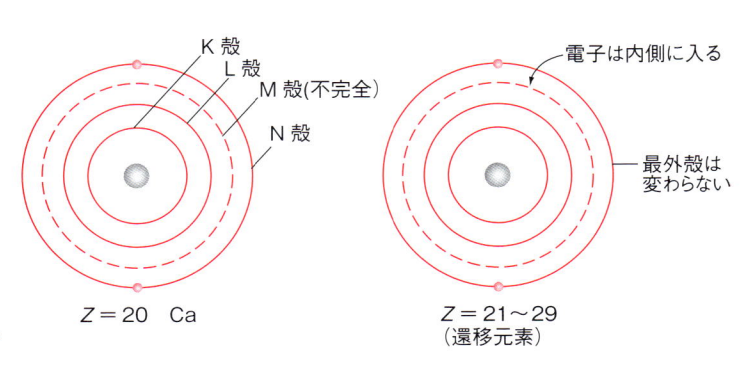

図9・3 電子が内側の軌道に入る様子

図 9・4　遷移元素の性質
上着（最外殻）は変わらず，中のシャツ（内側の軌道）が変化する。

9・1・4　遷移元素の価電子

第1章で最外殻電子を価電子といったが，これは典型元素に当てはまることである。一般に価電子は最高エネルギーの軌道に入っている電子のことをいう。したがって，遷移元素では価電子は新たに加わった3d電子ということになる。

元素を人間にたとえてみるとわかりやすい。典型元素では新たに加わった価電子は最外殻に入る。これはスーツの色が変わるようなものであり，変化がよくわかる。それに対して遷移元素では新たな電子は内側に入る。これは，スーツは同じでシャツの色だけが違うようなものである。注意しないと変化がわからない。これが遷移元素の性質は皆似ていることの説明になる（**図 9・4**）。

d軌道よりさらに内側のf軌道に電子の入るランタノイドやアクチノイドでは，まるで下着の色だけが変化するようなものである。変化を見いだすのは難しい。

9・1・5　dブロックとfブロック

価電子がd軌道に入っていく一連の遷移元素を**dブロック遷移元素**という。それに対してf軌道に入っていく元素を**fブロック遷移元素**という（**内遷移元素**ということもある）。ランタノイドとアクチノイドがfブロック遷移元素である（**図 9・5**）。

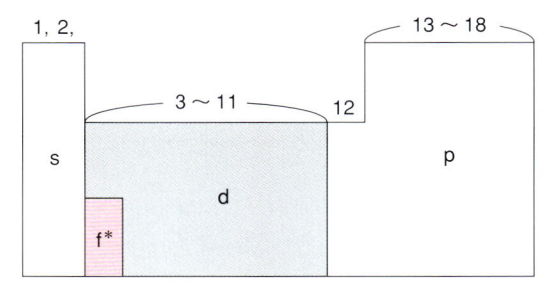

s：価電子がs軌道に入る ┐典型元素
p：価電子がp軌道に入る ┘
d：価電子がd軌道に入る　dブロック遷移元素
f：価電子がf軌道に入る　fブロック遷移元素

図 9・5　dブロック遷移元素とfブロック遷移元素

9・2 4〜6族の性質

3族の大部分は希土類と呼ばれ，遷移元素のうちでも特別なグループを作っている。そこで3族は次の章で見ることとして，ここでは4族から見ていこう。

9・2・1 4族の性質（図9・6）

○ チタン Ti は軽くて（比重 4.5），硬く，腐食にも強い金属である。そのため，メガネのつる，航空機の機体，あるいは人工関節などに用いられる。酸化チタンは紫外線を受けて高エネルギー状態になると，水や汚れを分解する光触媒となる。

○ ジルコニウム Zr は銀白色の金属であり，酸化ジルコニア ZrO_2 を焼結したセラミックスは，融点が 2700 ℃ と高いため耐熱性セラミックス材料となる。また酸化ジルコニアの結晶は屈折率が高いので模造ダイヤモンドとしても使われる。

○ ハフニウム Hf は中性子を吸収する能力が大きいので，原子炉の制御剤に用いられる。

● 発展学習 ●
光触媒の作用機構を調べてみよう。

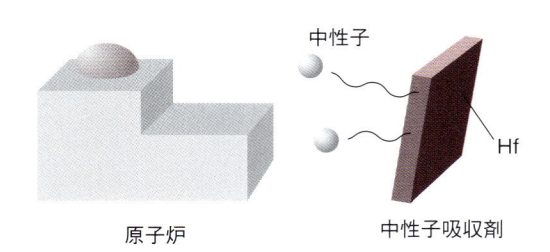

図9・6 4族元素（チタン，ジルコニウム，ハフニウム）の用途

9・2・2 5族の性質

○ バナジウム V の合金は硬度が大きいので工具などに用いられる。生体にも含まれ，血糖値を下げる効果がある。

○ ニオブ Nb の合金は超伝導材料となり，MRI などに利用される（図 9・7）。ニオブ–チタン，ニオブ–アルミニウム–スズの合金などが用い

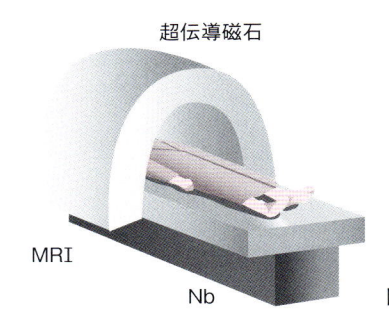

図9・7　ニオブは超伝導材料として MRI に利用される

られている。

○ タンタル Ta は青灰色の金属である。融点は 2996 ℃ と非常に高い。チタンとの合金は生体適合性が高いので，インプラントの材料として期待される。

9・2・3　6族の性質（図9・8）

○ クロム Cr は銀白色の金属であり，酸による腐食に強い。そのため，鉄製品のメッキに用いられる。鉄にクロムを混ぜたものがステンレスである。ステンレスの表面はクロムの酸化物が不動態となって覆っており，そのためステンレスは酸化されない。

クロムイオンには三価クロム Cr^{3+} と六価クロム Cr^{6+} がある。三価クロムは人体にとって必要な微量元素であるが，六価クロムは有害である。

○ モリブデン Mo をステンレスに混ぜた合金，モリブデン鋼は高温強度や耐蝕性に優れ，兵器や宇宙産業に使われる。また，生体の中でも酸化酵素に含まれている。

○ タングステン W は重く（比重 19.3），硬くて融点が高い（3410 ℃）金属である。炭化タングステン WC はダイヤモンドに次いで硬い物質であり，これを焼結したものは超硬合金として各種切削材に用いられる。白熱電灯の芯にも用いられている。

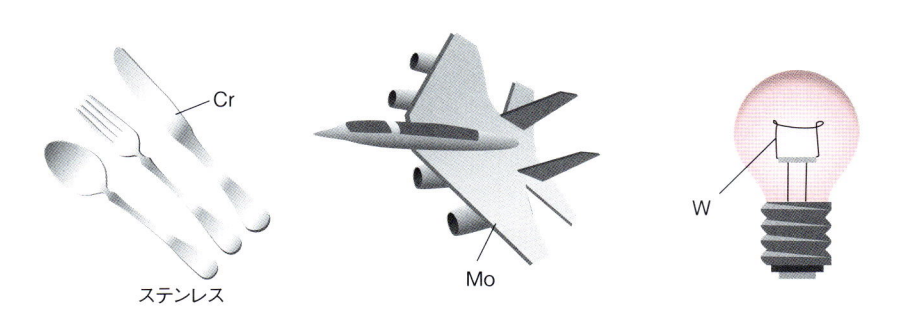

図9・8　6族元素（クロム，モリブデン，タングステン）の用途

9・3　7〜9族の性質

本節には鉄が含まれる。鉄は現代文明を支える金属である。

9・3・1　7族の性質

○ マンガン Mn は二酸化マンガン MnO_2 として乾電池に使われる。過マンガン酸カリウムは代表的な酸化剤である。マンガンはレアメタルであるが，深海にはマンガンが塊になったマンガン団塊が存在することが知られており，その実用化が待たれている（図9・9）。

○ テクネチウム Tc は放射性元素であり，半減期は最も長いもので420万年なので，地球上の自然界には存在しない。

○ レニウム Re（融点3180℃）は炭素（3550℃）やタングステン（3410℃）に次いで融点が高く，硬度も高いので合金に用いる。また，石油精製の際に触媒として用いるとオクタン価が上がることが知られている。

> オクタン価：エンジンにおけるガソリンの異常燃焼（ノック）を抑える程度を表す数値。0〜100まであり，数値が高いほど優れている。ガソリン（炭化水素）の構造が枝分れしていると高くなる。

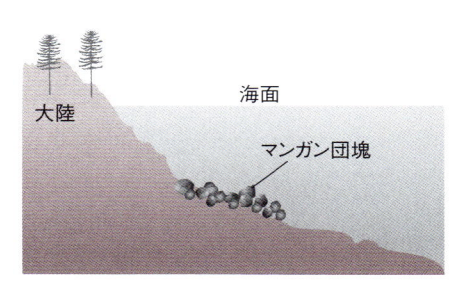

図9・9　マンガン乾電池とマンガン団塊

9・3・2　8族の性質

○ 鉄 Fe は現代文明を支える金属である。建造物，機械，船舶，自動車，航空機，すべて鉄を構造材として成り立っている。また，各種カードは鉄の磁性を利用したものである。そればかりでなく，鉄は生体にとっても大切な金属である。その一つは呼吸タンパク質であるヘモグロビンである。ヘモグロビンにはヘムという金属錯体が含まれており，その中心元素が鉄なのである（図9・10）。すなわち，生体は鉄を用いて呼吸，つまり酸素運搬を行っているのである。

○ ルテニウム Ru は地殻での存在量が少ない金属である。しかし，ハードディスクの記憶量を増やす効果があり，また化学反応では光学異性体を合成する触媒として用いられるなど，用途の多い金属である。

○ オスミウム Os の比重は22.6であり，最も重い元素である。四酸化オスミウム OsO_4 は酸化剤として有機合成化学でよく使われる試薬である（図9・11）。

図9・10　鉄はヘムに含まれる

> OsO_4 は毒性が強いので使用には注意が必要である。

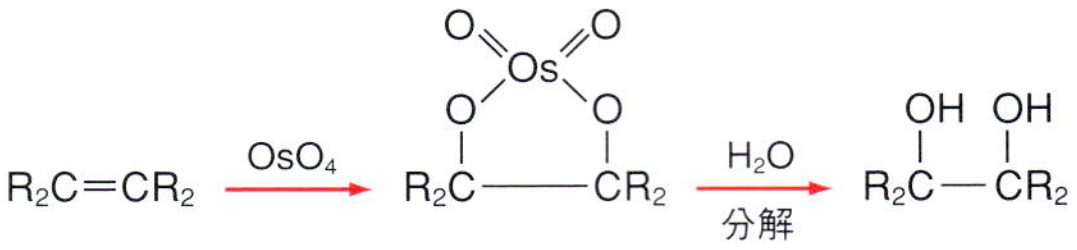

$$R_2C=CR_2 \xrightarrow{OsO_4} \underset{R_2C-CR_2}{\overset{O\diagdown Os \diagup O}{\underset{O\diagup \diagdown O}{|\quad\quad|}}} \xrightarrow[\text{分解}]{H_2O} \underset{R_2C-CR_2}{\overset{OH\ OH}{|\ \ |}}$$

図9・11 四酸化オスミウムは酸化剤として利用される

9・3・3 9族の性質

○ コバルトCoは強い磁性を持つので，ハードディスクなどの磁性情報源から情報を読み取る磁気ヘッドに使われる。コバルトは陶磁器の青色（染付け）の顔料である。人体の必須元素であり，ビタミンB_{12}に含まれる。

○ ロジウムRhと白金Pt，パラジウムPdの合金は三元触媒に使われる。三元触媒とは自動車の排気ガスを清浄化する触媒であり，
① 燃え残った炭化水素を酸化して二酸化炭素と水にする。
② 不完全燃焼によって生じた一酸化炭素を二酸化炭素にする。
③ NOxを窒素と酸素に分解する。
という三つの作用を同時に行う。

$$C_mH_n \xrightarrow{O_2} mCO_2 + \frac{n}{2}H_2O$$

$$CO \xrightarrow{O_2} CO_2$$

$$2NO_x \longrightarrow N_2 + xO_2$$

○ イリジウムIrは金属の中で最も腐食に強い金属であるが，固くて脆いという欠点もある。白金との合金としてメートル原器，キログラム原器（**図9・12**）に用いられるほか，自動車のプラグや万年筆のペン先などにも使用される。

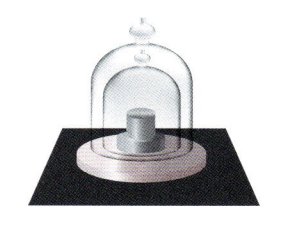

キログラム原器　　　　　　　　メートル原器　　図9・12 イリジウムの用途

9・4　10，11族の性質

一般に**貴金属**というと10族の白金と11族の金，銀を指すが，化学で貴金属というとそのほかに白金族（オスミウム，イリジウム，白金），パ

ラジウム族（ルテニウム，ロジウム，パラジウム），銅，水銀を加えて考えることもある。

9・4・1 10族の性質

○ ニッケル Ni は白色の金属であり，合金の素材としてよく使われる。百円硬貨など，白銅貨といわれるものは銅とニッケルの合金である。また鉄との合金はインバーと呼ばれ，熱膨張率が小さいので時計などに用いられる。また，カドミウムと組み合わせてニッカド電池に使われる（図9・13）。チタンとの合金は形状記憶合金となる。

○ パラジウム Pd は水素吸蔵金属であり，自分の体積の 900 倍ほどの水素を吸収する。また，有機化合物の二重結合に水素を付加して単結合にする際の触媒などに用いられる。

○ 白金 Pt は銀白色の美しい金属であり，腐食に強く，変化しないので宝飾品に用いられる。白金は三元触媒，有機反応での各種触媒，水素燃料電池での触媒などのほか，抗がん剤としての効用もあり，今後とも新しい用途の目指される金属である。しかし，白金の埋蔵量は限られており，今後，白金に代わる物質の開発が待たれる。

● 発展学習 ●
形状記憶合金とは何か調べてみよう。

図 9・13　ニッケルの用途

ニッカド電池

9・4・2 11族の性質

○ 銅 Cu は金属元素としては唯一の赤い金属であり，以前は赤がねと呼ばれた。銅はスズと混じって青銅となり，亜鉛と混じって真鍮となるなど，日常生活に密接に関連した金属である。

銅は電気伝導度が高いので導線に用いられる。しかし長距離を送電する高圧線ではその比重（8.92）のため，伝導性が高くて比重の小さいアルミニウム（比重 2.7）が用いられる。

銅イオンには殺菌作用があり，流し台の三角コーナーや，排水溝の金網などに用いられる。銅が錆びると緑色の緑青を生じる（図9・14）。緑青の構造は複雑であるが，塩化銅 $CuCl_2$，炭酸銅 $CuCO_3$，硫酸銅 $CuSO_4$ などの混合物である（一般的には，塩基性炭酸銅 $CuCO_3/Cu(OH)_2$ のことをいう）。

○ 銀 Ag は銀白色の美しい金属であるが，硫黄分があると硫化銀 AgS となって黒変する。全元素中，最も高い電気・熱伝導度を持つ。臭化

寺の銅屋根（緑青）　　　三角コーナー

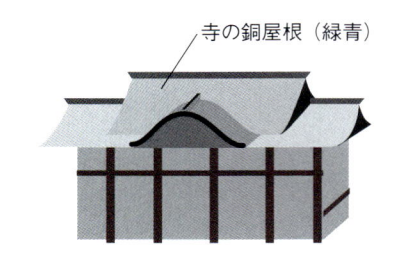

図 9・14　銅の所在と用途

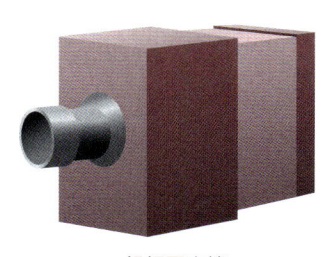

銀板写真機

図 9・15　銀は写真フィルムに用いられる

銀 AgBr は感光性があるので写真のフィルムに用いられる（図 9・15）。

銀には殺菌作用があるが，有用な菌までも殺す可能性があるので注意が必要である。
○ 金 Au は黄色の美しい輝きを持った金属である。反応性が乏しく，化学反応をせず，大方の酸やアルカリにも溶けない。しかし王水（濃塩酸 3：濃硝酸 1 の混合物），シアン化カリウム（KCN：青酸カリウム）水溶液などには溶け，同じ金属の水銀にも溶けてアマルガムとなる。

●この章で学んだ主なこと●

□ 1　原子番号が増加すると軌道のエネルギーは低下する。
□ 2　軌道エネルギーは逆転することがある。
□ 3　遷移元素では新しく増えた電子は内側の軌道に入る。
□ 4　価電子とは最もエネルギーの高い軌道に入っている電子のことである。
□ 5　遷移元素には，価電子が d 軌道に入る d ブロック遷移元素と，f 軌道に入る f ブロック遷移元素がある。
□ 6　酸化チタンは光触媒といわれ，紫外線を吸収して水や悪臭の元などを分解する。
□ 7　酸化ジルコニアを焼結したものは耐熱セラミックスとなる。
□ 8　クロムと鉄の合金がステンレスである。

- ☐ 9　炭化タングステンはダイヤモンドの次に硬い物質である。
- ☐10　マンガンはマンガン団塊として海底にある。
- ☐11　鉄は構造材のほか，情報担体，生体必須金属として人間生活に欠かせないものである。
- ☐12　コバルトは強い磁性を持つので磁気ヘッドに用いられる。
- ☐13　パラジウムは自身の体積の900倍の水素を吸収する水素吸蔵金属である。
- ☐14　白金は各種の触媒として現代科学に欠かせないものである。
- ☐15　銅は伝導性が高く，かつ青銅や真鍮などの合金を作る。
- ☐16　銀は伝導度が最高であり，かつ殺菌作用を持つ。
- ☐17　金は化学反応性が低いので，いつまでも輝きを失わない。

演習問題

1　原子番号が増えると軌道エネルギーが低下するのはなぜか。
2　遷移元素の価電子はどの軌道に入るか。
3　典型元素と遷移元素の違いを電子配置の観点から説明せよ。
4　典型元素と遷移元素の違いを元素の性質の観点から説明せよ。
5　dブロック遷移元素とfブロック遷移元素の違いを説明せよ。
6　クロムには安全なイオンと有害なイオンがある。有害なイオンの価数はいくらか。
7　全元素中，融点が最も高いのは何か。
8　ヘモグロビンに含まれて呼吸を司る金属は何か。
9　三元触媒とはどのような働きをするものか。
10　高圧線には銅でなくアルミニウムが用いられる。理由は何か。

第Ⅲ部　元素の化学

第10章

希土類と放射性元素の性質

● 本章で学ぶこと

　3族元素のうちランタノイドとアクチノイドはfブロック遷移元素であり，f軌道に電子の入っていく過程である。そのため，おのおのが15元素からなる。ランタノイドにスカンジウム，イットリウムを加えた17元素を希土類と呼ぶ。

　原子番号が92番のウランより大きいものは天然には存在せず，人工的に作られるので超ウラン元素と呼ばれる。放射線を放出して変化する元素を放射性元素という。超ウラン元素は全てが放射性元素である。

　^{235}U は中性子と反応して分裂し，莫大なエネルギーを放出する。このエネルギーを利用したものが原子炉である。

　本章ではこのようなことを見ていこう。

10・1　コモンメタルとレアメタル

　自然界に存在する元素の個数は，原子番号1番の水素から92番のウランまでの92種のうち，43番のテクネチウムを除く91種類である。元素のうち，非金属16種類と半導体5種類を除く70種類が金属元素である。これだけ多い金属元素であるから，何らかの基準で分類したほうが便利であるが，その分類法はいくつかある。

10・1・1　軽金属と重金属

　比重によって分類する方法である。基準は必ずしも明確ではないが，比重が4ないし5より小さいものを**軽金属**（表10・1），重いものを**重金属**という。しかし軽金属はアルカリ金属，アルカリ土類金属，アルミニウムなどあまり多くはなく，ほかは重金属である。重金属には毒性のあるものがある。

表 10・1　軽金属の比重

Li	Na	K	Rb	Cs	Fr
0.53	0.97	0.86	1.53	1.88	1.87
Be	Mg	Ca	Sr	Ba	Ra
1.85	1.74	1.55	2.6	3.5	5
Al	Ti				
2.70	4.50				

10・1・2　貴金属と卑金属

定義は明確ではないが，一般に美しく，反応性に乏しいものを**貴金属**，それ以外を**卑金属**という。

一般に貴金属という場合は金，銀，白金を指すことが多い。化学で貴金属という場合は金，銀と白金族（ルテニウム，ロジウム，パラジウム，オスミウム，イリジウム，白金）の8種をいうが，さらに銅，水銀を加えることもある。それ以外は全て卑金属である。

10・1・3　コモンメタルとレアメタル

コモンメタルとは汎用金属であり，**レアメタル**は希少金属である。コモンメタルは人類が昔から利用し続けている金属であり，アルミニウム，鉄，銅，亜鉛，銀，スズ，金，水銀，鉛の9種類をいう。それに対してレアメタルは，**図10・1**の周期表に示したように，典型元素15種類，希土類以外の遷移元素15種類，希土類17種類の合計47種類である。

レアメタルは埋蔵量が少ないということだけではなく，次の条件のどれかを満たすもの，という意味である。

族\周期	1	2	3	4	5	6	7	8	9	10	11	12	13	14	15	16	17	18
1	H																	He
2	Li	Be			□レアメタル								B	C	N	O	F	Ne
3	Na	Mg			○コモンメタル								(Al)	Si	P	S	Cl	Ar
4	K	Ca	Sc	Ti	V	Cr	Mn	(Fe)	Co	Ni	(Cu)	(Zn)	Ga	Ge	As	Se	Br	Kr
5	Rb	Sr	Y	Zr	Nb	Mo	Tc	Ru	Rh	Pd	(Ag)	Cd	In	(Sn)	Sb	Te	I	Xe
6	Cs	Ba	ランタノイド	Hf	Ta	W	Re	Os	Ir	Pt	(Au)	(Hg)	Tl	(Pb)	Bi	Po	At	Rn
7	Fr	Ra	アクチノイド	Rf	Db	Sg	Bh	Hs	Mt	Ds	Rg	Cn	Nh	Fl	Mc	Lv	Ts	Og
価電子数	1	2											3	4	5	6	7	0

ランタノイド	La	Ce	Pr	Nd	Pm	Sm	Eu	Gd	Tb	Dy	Ho	Er	Tm	Yb	Lu
アクチノイド	Ac	Th	Pa	U	Np	Pu	Am	Cm	Bk	Cf	Es	Fm	Md	No	Lr

図10・1　コモンメタルとレアメタル

① 埋蔵量が少ない。
② 特定の地域，国家に偏って存在する。
③ 発掘，精錬が困難である。

　レアメタルには電気的性質，磁気的性質，機械的性質が特殊で優れたものが多い。そのため，レアメタルは現代科学の必需品であり，その需給逼迫が心配されている。

10・2　希土類の性質

　希土類はスカンジウム Sc，イットリウム Y と，15 種類のランタノイドの合計 17 種類の元素である。希土類は全てがレアメタルであり，現代科学産業に欠かせないものが多い。

10・2・1　スカンジウム・イットリウムの性質

希土類のうち，ただ 2 種の d ブロック遷移元素である。

A　スカンジウム Sc

　銀白色の金属であり，合金に用いられる。主な用途は野球場の照明などに使われるメタルハライドランプである（図 10・2）。メタルハライドランプは，発光管の中に金属を入れ放電することによって発光するものである。スカンジウム-ナトリウムを用いたものは特に発光効率が良い。

B　イットリウム Y

　銀白色の金属である。合金として永久磁石に用い，ブラウン管などの蛍光体に用いる。また，イットリウムとアルミニウムの複合酸化物からなるガーネット構造の結晶を用いた YAG（ヤグ）レーザーは，固体レーザーの代表的なものである。

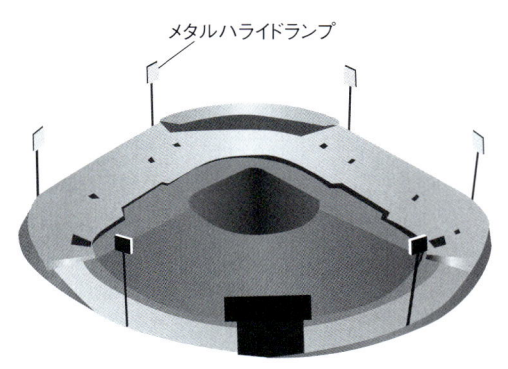

図 10・2　スカンジウムの用途

10・2・2　ランタノイドの性質

　内部の f 軌道に価電子が入る過程なので，互いに性質が似ており，分

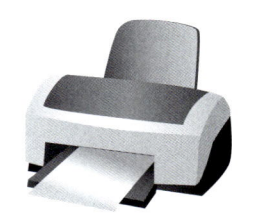

光学レンズ (La)　　永久磁石 (Nd)　　インクジェットプリンタ (Tb)

図10・3　ランタノイド (ランタン, ネオジム, テルビウム) の用途

離が困難である．そのため，混合物として用いることもある．主な用途は以下のとおりである (図10・3)．

○ ランタン La：水素吸蔵合金，光学レンズ
○ セリウム Ce：紫外線吸収ガラス，ライター石，排ガス浄化触媒
○ プラセオジム Pr：黄色顔料，溶接作業用保護眼鏡
○ ネオジム Nd：永久磁石，ガラス着色剤 (赤紫)
○ プロメチウム Pm：夜光塗料，原子力電池
○ サマリウム Sm：永久磁石，モーター，スピーカー
○ ユウロピウム Eu：磁性半導体，ブラウン管蛍光体
○ ガドリニウム Gd：磁性材料
○ テルビウム Tb：合金，インクジェットプリンタの印字ヘッド
○ ジスプロシウム Dy：蛍光塗料
○ ホルミウム Ho：レーザー
○ エルビウム Er：光ファイバーの添加剤，ガラス着色剤 (ピンク)
○ ツリウム Tm：光ファイバー添加剤
○ イッテルビウム Yb：有機化学反応の触媒
○ ルテチウム Lu：用途開発中

10・3　放射性元素の性質

　原子が化学反応をするように，原子核も反応して他の原子に変化する．原子核の反応には莫大なエネルギー変化が伴う．原子核が放射線を放出して別の元素に変化する元素を**放射性元素**という．

10・3・1　原子核反応

　原子は変化する．原子の変化は原子核の変化である．原子核が変化するときには放射線を放出する．

A　放射能

　原子核の反応を**原子核反応**という．原子核反応では**放射線**が放出され

図 10・4 "放射能"と"放射線"
放射性元素はピッチャー, 放射線はボール, 放射能はボールを投げる能力にたとえられる。

る。放射線を放出する元素を**放射性元素**という。そして, 原子が放射線を放出する能力を**放射能**という。したがって放射性元素は放射能を持つ。

この関係は野球にたとえるとわかりやすい (**図 10・4**)。放射性元素はピッチャーであり, ボールが放射線である。そしてピッチャーになれる能力が放射能である。打者に当たると痛くて怪我をさせるのは放射線である。

B 放射線

放射線には α, β, γ 線等がある。それぞれの本体は**表 10・2**に示した通りである。

C 崩壊

原子核反応にはいろいろの種類があるが, 放射線を出して変化する反応を特に崩壊という。

a) **α 崩壊**: α 線を放出する原子核反応である。生成核は原子番号が2減少し, 質量数は4減少する。

b) **β 崩壊**: β 線を放出する原子核反応である。生成核は原子番号が1増加するが, 質量数は変化しない。

c) **γ 崩壊**: γ 線を放出する原子核反応である。生成原子核の原子番号, 質量数は最初と変化しないが, 高エネルギーとなる。

○ **発展学習** ○
放射線は有害なだけではない。放射線の利用例を調べてみよう。

表 10・2 放射線の本体と崩壊様式

名称	本体	崩壊様式
α 線	^4_2He	$^A_Z\text{X} \longrightarrow \alpha + ^{A-4}_{Z-2}\text{Y}$
β 線	$^0_{-1}\text{e}^-$	$^A_Z\text{X} \longrightarrow \beta + ^A_{Z+1}\text{W}$
γ 線	電磁波	$^A_Z\text{X} \longrightarrow \gamma + ^A_Z\text{X}^*$

X*: 高エネルギーの不安定核

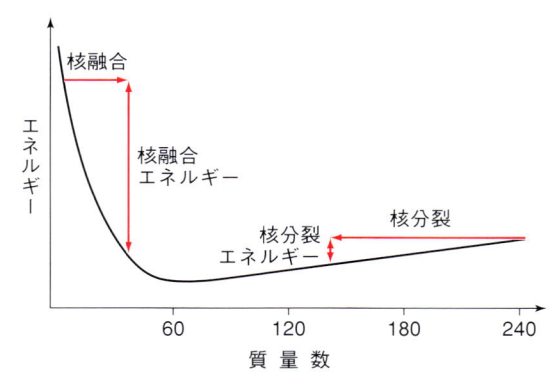

図 10・5　核融合エネルギーと核分裂エネルギー

10・3・2　核融合と核分裂

原子核反応の重要なものに**核融合**と**核分裂**がある。いずれも莫大なエネルギーを発生する。

図 10・5 は原子核において陽子と中性子を結びつける結合力である。図の下部が低エネルギーで安定，上部が高エネルギーで不安定である。横軸は質量数である。

この図に従えば，質量数の小さな原子核が融合して大きくなれば余分なエネルギーを放出する。これが**核融合エネルギー**であり，太陽など恒星のエネルギーの素である。

一方，大きな原子核が壊れて小さくなってもエネルギーは放出される。これが**核分裂エネルギー**であり，原子爆弾，原子炉のエネルギーである。

10・3・3　連鎖反応

ウランの同位体には主なものに ^{235}U と ^{238}U がある。天然ウランは ^{235}U を 0.7 %，^{238}U を 99.3 % 含む。^{235}U に中性子が衝突すると，原子核は分裂して核分裂生成物となり，同時に莫大なエネルギーと N 個の中性子を放出する。この中性子が次の N 個の ^{235}U に衝突すると N^2

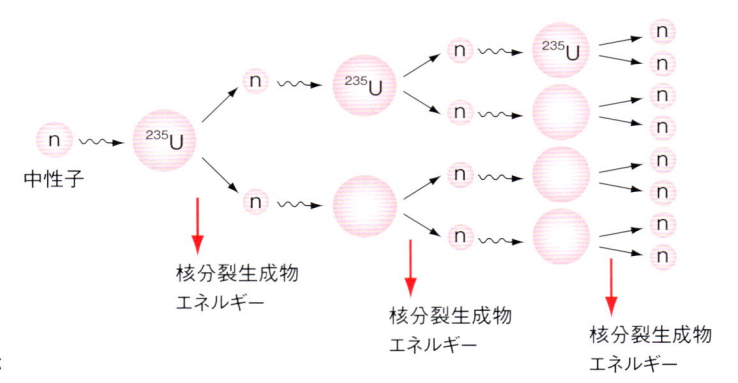

図 10・6　ウランと中性子の連鎖反応

個の中性子が放出され，… という具合に反応はネズミ算式に拡大していく（図 10・6）。このような反応を**連鎖反応**という。

連鎖反応では瞬時に膨大なエネルギーを生むことになり，**原子爆弾**はこのエネルギーを用いて作られる。

10・4　原子炉と高速増殖炉

原子炉は ^{235}U の核分裂反応によって発生するエネルギーを用いて発電する装置である。

10・4・1　核 分 裂 反 応

核分裂反応は連鎖反応である。連鎖反応が拡大的に進行すれば爆発的になり，縮小的に進行すれば反応は収束する。鍵を握るのは反応によって生じる中性子数 N である。$N > 1$ ならば爆発となり，$N < 1$ ならば反応収束（消火）となる。

$$N > 1 \quad 連鎖爆発（原子爆弾）$$
$$N \simeq 1 \quad 定常反応（原子炉）$$
$$N < 1 \quad 消火$$

A　中性子数制御

原子炉が恒常的にエネルギーを生産し続けるためには $n = 1$ であることが絶対条件である。そのためには原子炉内で生産される中性子を吸収し，適正な個数に制御する必要がある。この作用をするものを**制御材**という。制御材には中性子を吸収する性質のあるハフニウム Hf やカドミウム Cd が用いられる。

B　減速材

^{235}U はどのような中性子とでも反応するわけではない。^{235}U は，運動エネルギーが小さく低速で行動する低速中性子（熱中性子）とだけ反応する。しかし，核分裂で生成する中性子は高速中性子である。そのため，高速中性子のエネルギーを奪い，低速中性子にする必要がある。このような働きをするものを**減速材**という。

電荷も磁性も持たず，質量数 1 の中性子の速度を落とすには，他の原子核に衝突させるしかないが，質量の大きな原子核に衝突させたら同じ速度で弾き返されるだけである。速度を落とすには，質量の同じような原子核に衝突させなければならない。そのような原子核として最適なものは水素（H，質量数 1）である（図 10・7）。すなわち，水素を持つ化合物として水が減速材となる。

●発展学習●
減速剤として H_2O 以外のものを用いた原子炉にはどのようなものがあるか調べてみよう。

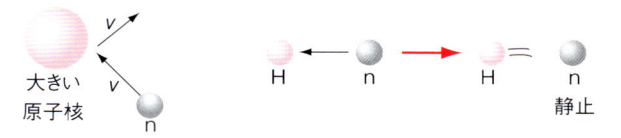

図 10・7　水素と中性子の衝突

10・4・2　原 子 炉

図 10・8 は原子炉の模式図である。^{235}U からなる燃料棒があり，その中に制御棒が差し込んである。制御棒を差し込めば原子炉内の中性子は少なくなり，反応は縮小される。原子炉で生産された熱エネルギーは冷却材の水によって発電機に運ばれ，発電する。水は同時に減速材となる。

原子炉の内部を循環する冷却水は放射線で汚染されるので，熱を二次冷却水に渡す。そして一次冷却水を含めた原子炉の心臓部は格納庫に保管され，放射線が環境に漏れ出さないように厳重に管理される。

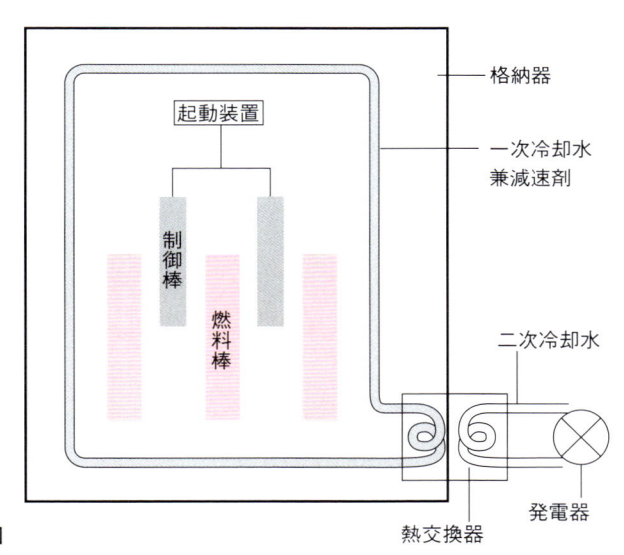

図 10・8　原子炉の模式図

10・4・3　高速増殖炉

燃料が燃えてエネルギーを生産すると同時に，最初の燃料以上の量の燃料を生産する，そのような夢の原子炉が**高速増殖炉**である。高速増殖炉の"増殖"は燃料が増えることを意味するが，"高速"は"高速で増殖する"という意味ではなく"高速中性子を用いる"という意味である。

A　原理

高速増殖炉の燃料は ^{239}Pu である。プルトニウム Pu は天然には存在せず，原子炉の核反応廃棄物中に存在する。^{239}Pu を核分裂させると，エネルギーと共に高速中性子を発生する。この高速中性子を ^{238}U に反応

● 発展学習 ●
ウランの代りにトリウム Th を核燃料に用いる計画がある。どのようなものか調べてみよう。

させると，^{238}U が ^{239}Pu に変化する。すなわち，燃料が再生産されるのである。

$$^{239}\text{Pu} + \text{n} \longrightarrow 核分裂生成物 + エネルギー + 高速中性子$$
$$^{238}\text{U} + \text{n} \longrightarrow {}^{239}\text{U} \longrightarrow {}^{239}\text{Np} \longrightarrow {}^{239}\text{Pu}$$

非燃料　高速中性子　　　　　$t_{1/2} = 24$ m　　　$t_{1/2} = 56$ h　　燃料
　　　　　　　　　　　　　（半減期24分）　　（半減期56時間）

B　冷却材

問題は冷却材である。水を用いると高速中性子が低速中性子に変化し，^{238}U と反応しなくなる。冷却材は冷却管の中を高速で流動して原子炉内部の熱を発電機に伝える。水銀のように比重の大きいものでは設備が耐えられない。したがって冷却材としては，① 水素を含まず，② 融点が低く，③ 比重の大きくないものが求められる。

これらの条件を満たすものとしてナトリウムが用いられる。ナトリウムの比重は 0.97，融点は 98 ℃ であり，条件を満たしている。しかし，水と爆発的に反応する金属である。万一事故が起こって高温のナトリウムが漏れ出すと，コンクリート中の水と反応して水蒸気爆発につながる恐れがある。

C　プルサーマル計画

現在稼動中の原子炉では Pu が生産され続けている。しかし高速増殖炉は未だ実験途上である。そこでこの Pu を通常型原子炉で U に混ぜて燃料にしようというのがプルサーマル計画であり，実行に移されている（図 10・9）。

図 10・9　プルサーマル計画の概念

●この章で学んだ主なこと

- □ 1　金属の分類には，比重で軽金属と重金属に分ける方法がある。
- □ 2　貴重な貴金属とそれ以外の卑金属に分ける方法もある。
- □ 3　汎用的なコモンメタルと希少なレアメタルに分ける方法もある。
- □ 4　希土類は，スカンジウム，イットリウム，ランタノイドである。
- □ 5　ランタノイドは 15 種類の金属元素の総称である。

- □ 6 ランタノイド元素は互いに性質が似ており，分離が困難なことがある。
- □ 7 放射線には α 線，β 線，γ 線などがある。
- □ 8 放射線を出す元素を放射性元素といい，放射線を出す能力を放射能という。
- □ 9 原子が放射線を出して別の原子に変化することを崩壊という。
- □ 10 小さい原子核が融合して大きな原子核になることを核融合という。
- □ 11 大きい原子核が分裂することを核分裂という。
- □ 12 核分裂は中性子を発生し，その中性子が次の原子核を分裂させるという連鎖反応である。
- □ 13 連鎖反応はネズミ算的に増殖するが，中性子数を制御すると定常燃焼に導くことができる。
- □ 14 原子炉は ^{235}U の核分裂を利用する発電装置である。
- □ 15 原子炉では中性子数を制御することが大切である。
- □ 16 Pu を燃料とし，燃焼した Pu の量以上の Pu を生産するのが高速増殖炉である。
- □ 17 高速増殖炉では冷却材に水を使うことができない。

● 演 習 問 題 ●

1 軽金属と重金属の名前を五つずつあげよ。
2 貴金属の名前を三つあげよ。
3 コモンメタルとレアメタルの名前を五つずつあげよ。
4 ランタノイド元素は何種類あるか。
5 ランタノイド元素の性質が互いに似ているのはなぜか。
6 放射線の種類3種とその本体を示せ。
7 質量数100，原子番号50の原子が α, β, γ 崩壊したとき，生成核の質量数，原子番号をそれぞれ答えよ。
8 通常型の原子炉で冷却剤として水を使うとどのような利点があるか。
9 高速増殖炉で冷却材として水を使えないのはなぜか。
10 プルサーマル計画とはなにか。

第 IV 部 錯体の化学

第 11 章

錯体の構造

● 本章で学ぶこと ●

　錯体とはもともと，複雑な化合物という意味である。ここでは金属を中心とする金属錯体を取り扱う。

　歴史的には，色素・顔料として利用された物質から，金属元素を含むこれまでにない化合物の発見，さらには無機化学の一つの分野として発展してきた。これまでの発展において，ウェルナーが提案した配位説は，金属錯体を理解するための基礎となっている。現代では多くの領域において，さまざまな切り口から金属錯体の研究が行われている。

　本章では金属錯体中の化学結合を理解し，錯体の構造との関連について見ていこう。

11・1　錯体の種類

錯体：complex compound
金属錯体：metal complex

● 発展学習 ●
配位結合の特徴を他の化学結合と比較してみよう。

　金属錯体は，金属あるいは金属イオン(**中心金属**という)へ複数の無機分子，有機分子あるいはイオン(**配位子**という)が，電子対を供与する**配位結合**によって結合(配位)することにより形成される(図11・1)。

配位子 : ―配位結合→ 金属イオン

図11・1　金属イオンと配位子の間の配位結合

　錯体は特有の色を示すので，古くは絵の具などの顔料・色素として利用されてきた。現在では，錯体の光，電気，磁気的特性に基づいた機能に着目した研究・開発が行われている。

錯体の表記

対陽イオン [中心金属^{酸化数}(陰イオン性配位子)(中性配位子)]^{電荷} 対陰イオン

酸化数(ローマ数字)は省略することがある。同種の配位子は化学式の ABC 順で書く。

　化学の一分野としては，ウェルナーが提唱した**配位説**により錯体化学（配位化学）が始まった。配位説では，配位子の数（配位数）とそれらの幾何学的な配置がいくつかの実験により証明された。多くの金属錯体が合成され，性質や構造が明らかになるに伴い，金属錯体中の結合，中心金属や配位子の種類，数などにより分類されるようになってきた。

　ルイスの酸・塩基の概念と類似した配位結合を基本として理解されているウェルナー型錯体に加えて，供与される電子対の種類（σ電子供与性，π電子供与性）により多様な結合が形成される錯体も知られている。さらには金属－炭素間の結合を有する有機金属錯体，一つの分子中に複数の中心金属を有する多核錯体，金属間の結合により集合したクラスター，これらを共有結合，水素結合や分子間相互作用により集積して構成される超分子にまで広がりをみせている。

> ウェルナー：A. Werner
>
> 錯体の構造について説明するため，ブロムストランドとヨルゲンセンは，有機化合物中の炭素－炭素鎖構造と類似した考えに基づいて鎖状説を提案した。これに疑問を持ったウェルナーは，主原子価（酸化数）と副原子価（配位数）に基づく配位説を提案し，仮説と実験によりこれを実証した。
>
> ● 発展学習 ●
> ウェルナーの配位説とこれを実証するために行った実験について調べよう。

11・1・1 錯体の多様性

　錯体の多くは**遷移元素**を中心とするため，**典型元素**のみからなる化合物に比べ電子構造が複雑である。遷移元素は，d 軌道あるいは f 軌道が電子で完全に満たされていないことにより特有の性質を示す。錯体の示す色（分光学的性質），多様な酸化状態（酸化還元的性質），磁性（磁気的性質）は特に重要な性質である。これらは錯体の構造，中心金属と配位子の数や種類，中心金属の電子配置などと密接に関連している。

11・1・2 配位数と構造

　中心金属に結合した配位子の数を**配位数**という。配位数として 2～12 配位の錯体が知られている。**図 11・2** に代表的な立体構造を示す。実際の錯体では数種の配位子が中心金属に配位することにより，金属－配位子間の結合距離や角度に違いがあり，構造における歪みが生じる。この歪みや異なる構造への変化が，金属錯体の反応や反応性に深く関連することが知られている。錯体の構造や性質の理解には，錯体中の結合や電子構造を明らかにすることが役に立つ。

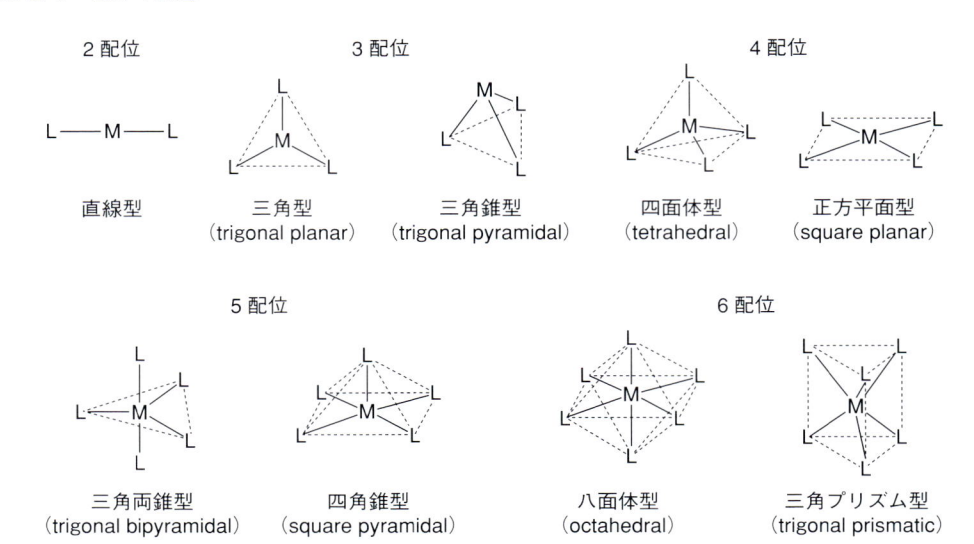

2配位・3配位・4配位・5配位・6配位

- 直線型
- 三角型 (trigonal planar)
- 三角錐型 (trigonal pyramidal)
- 四面体型 (tetrahedral)
- 正方平面型 (square planar)
- 三角両錐型 (trigonal bipyramidal)
- 四角錐型 (square pyramidal)
- 八面体型 (octahedral)
- 三角プリズム型 (trigonal prismatic)

図 11・2　金属錯体の配位数と立体構造

配位子の種類と名称

陰イオン性配位子

　　F^- フルオリド　　Cl^- クロリド　　Br^- ブロミド　　I^- ヨージド

　　O^{2-} オキシド　OH^- ヒドロキシド　CN^- シアニド　N_3^- トリニトリド

　　NO_2^- ニトリト　　CO_3^{2-} カルボナト　　$(COO^-)_2$ オキサラト

　　acac $(OC(CH_3)CHC(CH_3)O^-)$ 2,4-ペンタンジオナト

中性の配位子

　　H_2O アクア　　NH_3 アンミン　　N_2 二窒素　　CO カルボニル

　　py ピリジン　　bpy 2,2′-ビピリジン　　en エチレンジアミン

11・1・3　異性体

　錯体の異性現象として重要なものは幾何異性と光学異性である。**幾何異性**とは中心金属の周りにある配位子の配置が異なる現象で，図 11・3

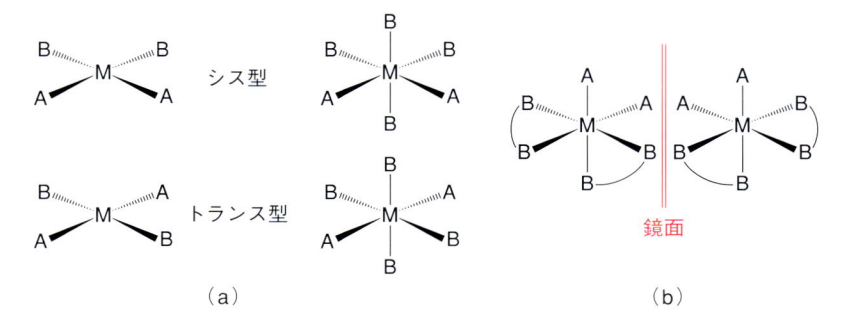

(a) シス型／トランス型

(b) 鏡面

図 11・3　錯体の幾何異性 (a) と光学異性 (b)

(a)に示すように，着目する配位子 (A) の位置によりシス，トランス異性体を生ずる。**光学異性**では，炭素に結合した四つの置換基が異なるときに見られる有機化合物の場合とは異なり，**図 11・3 (b)** のように配位子が全て異ならない場合でも光学（鏡像）異性体となる。錯体において異性現象は重要な特徴の一つである。

11・2　混成軌道モデル

　金属錯体においては，配位子から供与される電子対を受け入れる金属の軌道の方向が錯体の構造と関連する。結合に関与する原子軌道によって形成される**混成軌道**の概念により，分子の形が容易に推定できる。

11・2・1　原子価結合理論

　ポーリングは，分子の中にある等価な結合を扱う方法として，複数の原子軌道を線形結合で表現する混成軌道を示した。錯体についても，同様な考えに基づいて d 軌道（**図 11・4**）が関わる混成軌道により構造が理解できるものがある。

基となる原子軌道の和と同数の混成軌道が形成され，これらは等価な軌道となる。混成軌道 (sp, sp^2, sp^3 混成軌道；3・3節を参照) により化合物の結合と構造が説明できる。

ポーリング：Pauling, L.

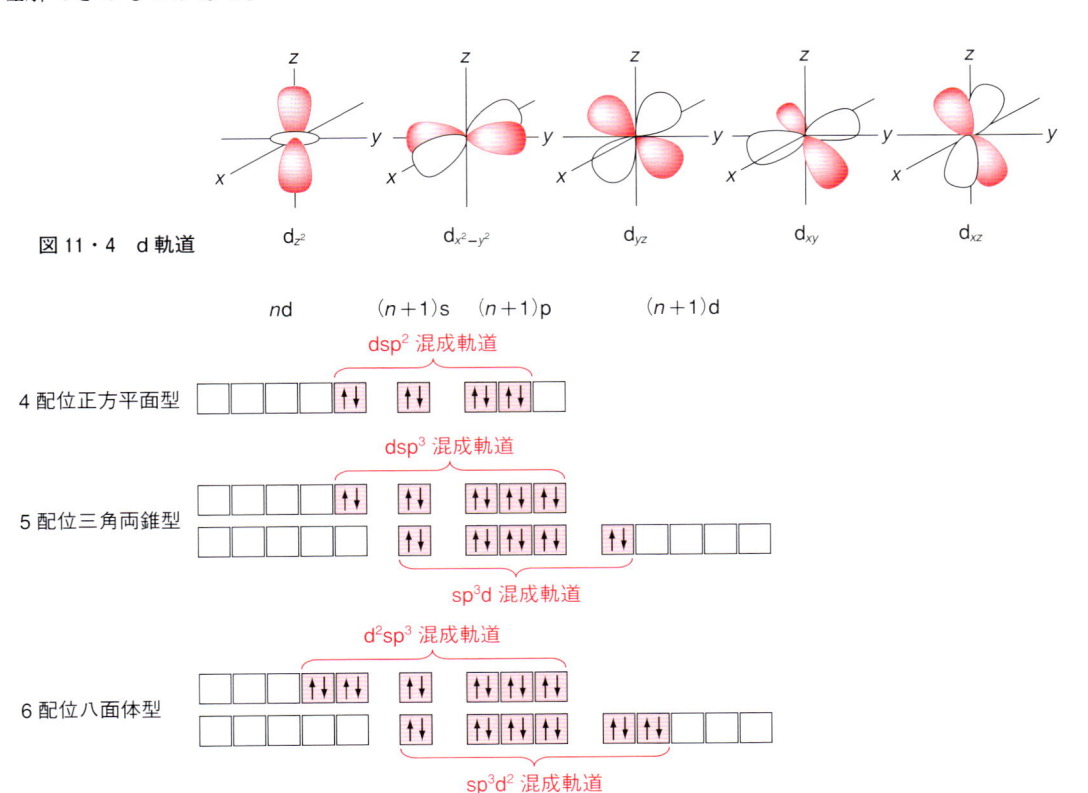

図 11・4　d 軌道　　d_{z^2}　$d_{x^2-y^2}$　d_{yz}　d_{xy}　d_{xz}

図 11・5　d 軌道が関与する混成軌道

112 ● 第11章　錯体の構造

　図11・5に，d軌道が関わる混成軌道と予想されるその構造を示した。金属の原子軌道を組み合わせて形成した混成軌道に，配位子から電子対が供与されて結合を生成する。混成軌道モデルにより錯体の電子構造と立体構造を示すことができる。錯体の原子価軌道（エネルギー最大の軌道）である n d 軌道の電子配置により，錯体の特徴の一つである**磁性**（常磁性あるいは反磁性）についても説明ができる。しかしながら，錯体の色（吸収スペクトル）についてはこのモデルでは十分には説明できない。

● 発展学習 ●
電子配置と磁性について調べよう。

11・3　結 晶 場 モ デ ル

　錯体中の結合理論は，主に磁性と色に関する性質の明確な説明を求めて発展してきた。**結晶場モデル**では，金属イオンと配位子の結合により五つの d 軌道が分裂し，これらの分裂した軌道にある電子数や配置から諸性質を説明することができる。

錯体を直交座標系に置いた場合，五つの軌道は軸方向に空間的な広がりをもつ二つの軌道（d_{z^2} および $d_{x^2-y^2}$ 軌道）と，軸間に空間的な広がりを持つ三つの軌道（d_{xy}，d_{yz} および d_{xz}）に大きく分けられる。

11・3・1　結 晶 場 理 論

　この考えはイオンモデルと呼ばれ，中心金属（正電荷）と配位子（負電

4配位四面体型錯体中の
金属イオン

静電場中の
金属イオン

6配位八面体型錯体中の
金属イオン

4配位正方平面型錯体中の
金属イオン

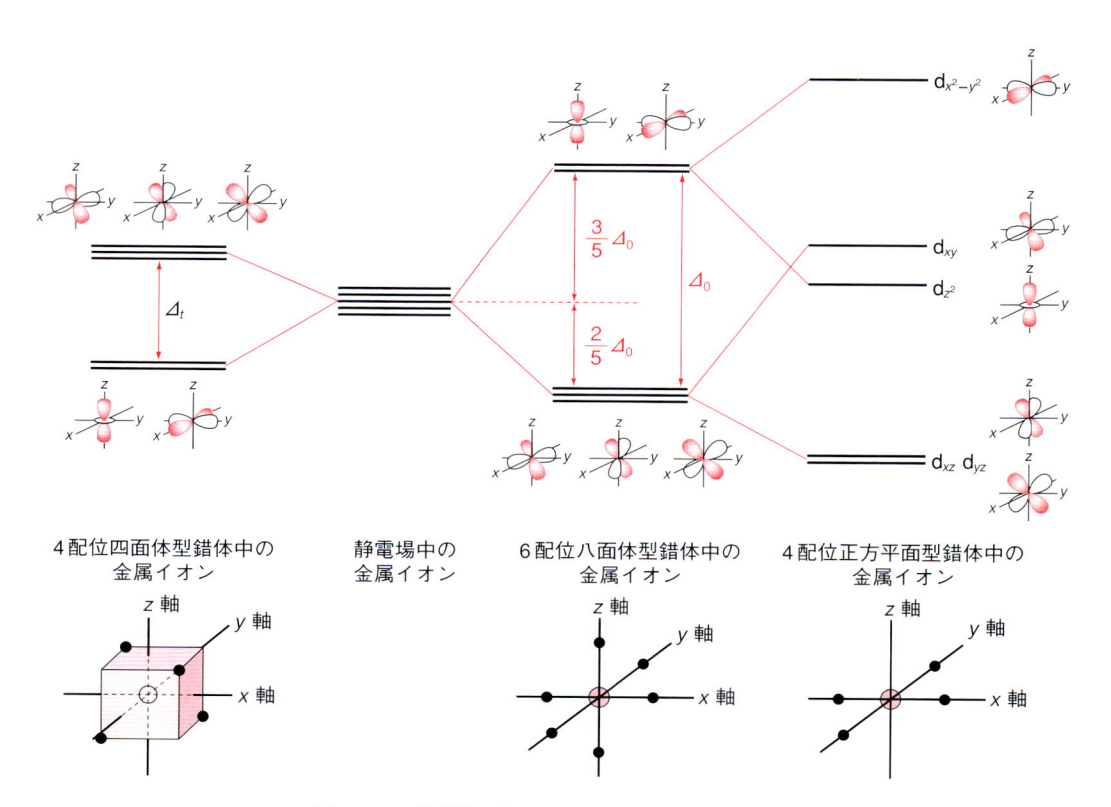

図11・6　結晶場理論による d 軌道の分裂パターン

荷) が静電的に引きつけ合い結合が形成されるとする。金属の d 軌道と配位子の負電荷の間に，静電的な反発により五つの軌道の安定性に差が生じる。五つの d 軌道はいずれも球対称でなく，空間的な広がりの違いのため配位子の数や配置により分裂する。錯体で多く見られる構造について，図 11・6 に d 軌道の分裂パターンを示した。

11・3・2 結晶場分裂

4 配位四面体型構造の錯体では，四つの配位子は x, y, z 軸の間に位置する。その位置関係により d_{xy}, d_{yz} および d_{xz} 軌道は，軸方向に広がる d_{z^2} および $d_{x^2-y^2}$ 軌道より強く配位子の反発を受け，より大きく不安定化される (図 11・6 左側)。これらの軌道の分裂を結晶場分裂と呼び，Δ_t と示す。

一方，6 配位八面体型構造の錯体では，六つの配位子が軸上に位置し，d_{z^2} および $d_{x^2-y^2}$ 軌道がより強く配位子の反発を受け，より大きく不安定化される (図 11・6 中央)。この場合の結晶場分裂は Δ_o と示す。

次に 4 配位正方平面型構造の錯体では，6 配位八面体型の配置から z 軸上にある二つの配位子を取り除いた配置と考えることができる。すなわち，z 軸方向に広がる d_{z^2} 軌道と d_{yz} および d_{xz} 軌道は配位子の反発が軽減されて安定化する (図 11・6 右側)。このとき z 軸上にある配位子を取り除いた結果，x, y 軸上の四つの配位子は中心金属にわずかに接近するため，$d_{x^2-y^2}$ と d_{xy} 軌道は不安定化される。

○ 発展学習 ○
三角両錐型構造の錯体について d 軌道の分裂を考えてみよう。

11・3・3 電子配置

分裂した d 軌道に電子を詰めるとき，2 種類の電子配置が可能である。図 11・7 に 6 配位八面体型錯体の電子配置を示した。これらの電子配置は，結晶場分裂 Δ_o とスピン対生成エネルギー (同じ軌道に電子対を作るときに必要なエネルギー) の大きさに依存する。結晶場分裂 Δ_o がスピ

パウリの排他則：原子内にある電子について四つの量子数 (主，方位，磁気，スピン量子数) 全てが同じものはない。

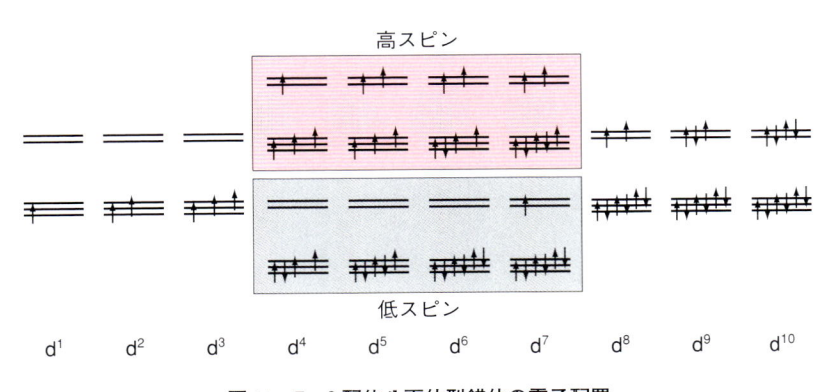

図 11・7　6 配位八面体型錯体の電子配置

フントの規則：基底状態でパウリの排他則が許容する範囲で最大の全スピン角運動量となるように電子が入る。

● 発展学習 ●
$[Co^{III}L_6]^n$ や $[Fe^{III}L_6]^n$ 錯体において高スピン，低スピン型の電子配置である錯体の安定性について調べよう。

ン対生成エネルギーより小さい場合には**高スピン**の電子配置，大きい場合には**低スピン**の電子配置となる。4配位四面体型錯体における分裂 Δ_t は6配位八面体型錯体の Δ_o に比べて小さく，これがスピン対生成エネルギーより大きくなることはない。すなわち，低スピンの電子配置を考える必要がない。d軌道の分裂，電子配置により錯体の磁性などの性質を説明できる。

11・4 分光化学系列

結晶場分裂の大きさは，中心金属の種類や酸化状態，配位子の種類や数などと関連している。配位子の種類により結晶場分裂の大きさが変化することは，槌田龍太郎が，コバルト(III)錯体の吸収スペクトルにおける吸収極大波長の比較により序列を調べた。この序列を**分光化学系列**という。図11・8は結晶場分裂が大きい順に並べたものである。

中心金属については，酸化状態が同じ場合では後周期の元素の方が結晶場分裂は大きくなり，同じ元素では酸化状態の高い方が大きくなる。

しかしながら，この系列では本来電荷がゼロである一酸化炭素（カルボニル：CO）が上位にあることなど，静電的な相互作用に基づいたイオンモデルを用いた結晶場理論でこの系列を説明することには限界がある。

槌田龍太郎
大阪大学において，金属錯体の可視領域に観測される弱い吸収帯の極大吸収波長が配位子により変化することを見いだした。

CH_3^-, CO > CN^-, C_2H_4 > PR_3 > NO_2^- > 1,10-フェナントロリン
> 2,2'-ビピリジン > SO_3^{2-} > $NH_2CH_2CH_2NH_2$ > NH_3 > py > CH_3CN
> エチレンジアミン四酢酸イオン（EDTA）> NCS^- > H_2O > ONO^- > $C_2O_4^{2-}$
> SO_4^{2-} > OH^- > CO_3^{2-} > RCO_2^- > F^- > N_3^- > NO_3^- > Cl^- > SCN^- > S^{2-} > Br^- > I^-

図11・8 分光化学系列

11・4・1 配位子場理論

結晶場理論では配位結合をイオン性の結合として取り扱ってきたが，分光化学系列について十分な説明ができない。共有結合を加味した**配位子場理論**を用いることで定性的な説明が可能になる。配位子場理論とは，中心金属と配位子間の結合として σ 結合と π 結合を考え，錯体全体の軌道の相互作用を取り扱う考え方である。

図11・9にd軌道が関与する錯体中の σ 結合と π 結合を示した。分光化学系列で上位にある一酸化炭素（カルボニル配位子，CO）やシアン化物イオンは，σ 結合に加えて π 結合を形成する配位子であり，大きな結晶場分裂を作ることは π 結合の寄与により説明できる。錯体中の中心金属と配位子の軌道間相互作用を扱う方法として分子軌道理論が有用である。

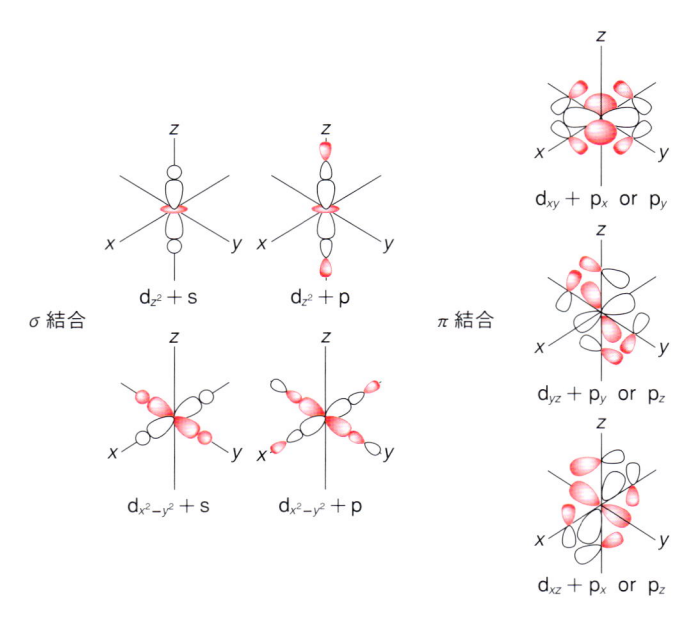

図11・9 中心金属のd軌道と配位子のs, p軌道が関与する
σ結合とπ結合

11・5 分子軌道モデル

錯体中の結合を記述するために共有結合性を取り入れた配位子場理論は有効である．**分子軌道モデル**では分子全体の電子の状態を記述する．ここでは結合に関与する中心金属の最外殻の原子軌道と配位子の分子軌道の相互作用を取り扱う．

分子軌道法では，軌道のエネルギー準位が同程度で，軌道の形，対称性，位相が一致する軌道の相互作用により，もとの軌道より安定な結合性分子軌道と不安定な反結合性分子軌道を形成する．

11・5・1　σ結合型分子軌道

6配位八面体型錯体を例として話を進める．6個のσ結合が形成するため，中心金属の最外殻軌道として2個の n d 軌道，1個の $(n+1)$ s 軌道，3個の $(n+1)$ p 軌道と六つの配位子の分子軌道によるσ結合型分子軌道を示した（**図11・10**）．

σ結合型分子軌道では軌道の対称性により，中心金属のd軌道では $d_{x^2-y^2}$ と d_{z^2} 軌道が，配位子の軌道と二つの配位子の分子軌道との相互作用により結合性分子軌道（e_g）と反結合性分子軌道（$e_g{}^*$）を形成する．中心金属の d_{xy}，d_{yz}，d_{xz} 軌道は非結合性分子軌道（t_{2g}）となりエネルギー準位に変化がない．残りの四つの配位子の軌道は，中心金属の $(n+1)$ s，$(n+1)$ p 軌道とそれぞれ結合性分子軌道と反結合性分子軌道を形成する．結晶場分裂 Δ_o（図11・6参照）は，非結合性分子軌道（t_{2g}）と反結合性分子軌道（$e_g{}^*$）の間のエネルギー差に相当する．

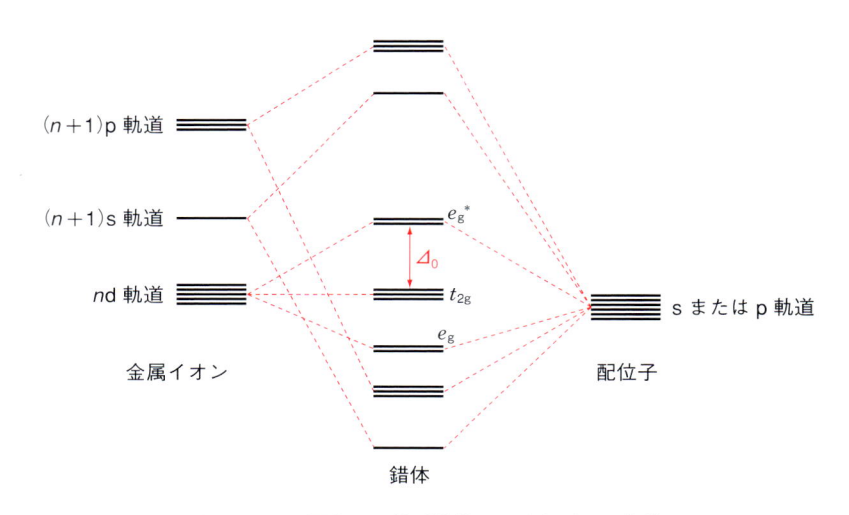

図 11・10　6 配位八面体型錯体の σ 結合型分子軌道

11・5・2　π 結合型分子軌道

　　分光化学系列の序列を定性的に説明するためには，錯体中の π 結合を取り扱うことが不可欠である。図 11・11 に大きな結晶場分裂を与える一酸化炭素（カルボニル）の π 結合型分子軌道を示す。

　　カルボニル配位子が z 軸上に位置して中心金属の軌道と相互作用をすると，σ 結合と π 結合が形成される。カルボニル配位子の分子軌道には中心金属の t_{2g} 軌道（σ 結合型分子軌道では非結合性軌道である）と対称性が合致する軌道があるため，π 結合型分子軌道が形成される。このときの t_{2g} 軌道にある電子はもとの軌道より安定な結合性分子軌道に入り，錯体としては安定化することになる。

カルボニル配位子のように π 結合を形成すると，配位子から中心金属への電子対供与（配位結合）に加え，中心金属の dπ 軌道の電子が配位子の方に与えられる。これを逆供与（back donation）という。

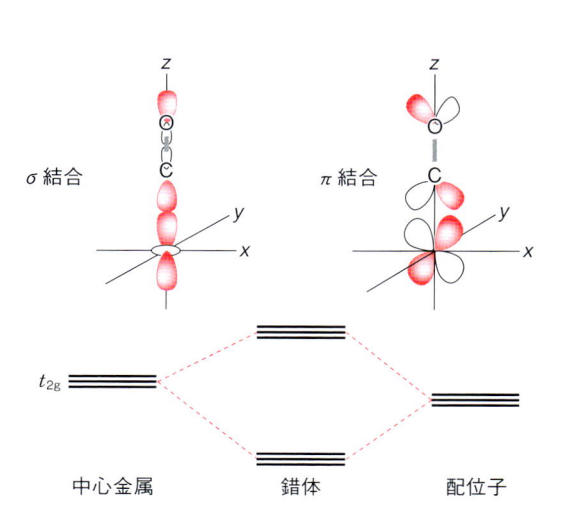

図 11・11　中心金属とカルボニル (CO) 配位子の π 結合型分子軌道

このπ結合型分子軌道の形成により結晶場分裂が大きくなり，カルボニル配位子が分光化学系列で高順列にあることが説明できる。

●この章で学んだ主なこと●

□1　金属錯体は中心金属へ複数の配位子が電子対を供与することで形成される。
□2　錯体の異性現象として，中心金属の周りにある配位子の配置が異なる幾何異性と，光学的特性の異なる光学（鏡像）異性が重要である。
□3　混成軌道モデルにより錯体の立体構造と磁性について説明できる。
□4　結晶場モデルでは中心金属と配位子の結合により五つのd軌道が分裂する。
□5　6配位八面体型錯体では結晶場分裂の大きさにより高スピンあるいは低スピンの電子配置となる。
□6　結晶場分裂の大きさは，中心金属の種類や酸化状態，配位子の種類や数などと関連している。
□7　分光化学系列で高順列にある配位子では，σ結合に加えてπ結合を形成し，結晶場分裂が大きくなる。
□8　分子軌道は中心金属のd軌道では，結合性，反結合性，非結合性分子軌道を形成する。
□9　カルボニル配位子では，π結合型分子軌道の形成により結晶場分裂が大きくなることが説明できる。

●演習問題●

1　次の錯体の化学式を示せ。
　　ジアンミンジクロロ白金(Ⅱ)
　　ヘキサフルオロコバルト(Ⅲ)酸イオン
　　テトラアクアジクロロクロム(Ⅲ)塩化物
2　次の化学式で表せる錯体の中心金属の酸化数はいくつか。
　　　　$[Fe(CO)_5]$　　$Cs_2[CuCl_4]$　　$[Ni(en)_3]SO_4$
3　正方平面型構造の錯体 $[MA_2BC]$（M：中心金属，A，B，C：配位子）における異性体を示せ。
4　$Hg[Co(SCN)_4]$ には3個の不対電子が存在する。この錯体の立体構造について説明せよ。
5　6配位八面体型の3d軌道に6個の電子を有する錯体の電子配置を示せ。
6　原子価結合理論に対して，結晶場理論を用いることの有効な点について説明せよ。
7　Fe(Ⅲ)錯体である $K_3[Fe(CN)_6]$ は低スピン型，$Na_3[FeF_6]$ は高スピン型電子配置となる。これらの錯体の結晶場分裂の大きさについて比較せよ。
8　CN^- が金属に配位した場合の中心金属との結合について説明せよ。

第IV部　錯体の化学

第 12 章

錯体の性質と反応

● 本章で学ぶこと

　遷移元素を中心金属とする錯体では，d軌道あるいはf軌道の電子配置により特有の性質や反応性を示す．特徴的な性質として錯体の色（分光学的性質），磁性（磁気的性質），多様な酸化状態（酸化還元的性質）があげられる．
　本章では錯体の特徴的な性質について理解し，錯体の構造や電子配置との関連について見ていこう．

● 発展学習 ●
われわれの生活の中で錯体が利用されている例について調べよう．

新幹線の胴体に使用されている青色の顔料は，フタロシアニンブルーという耐光性の高い色素である．これは中心金属が銅のフタロシアニン錯体である．この末端を塩素置換することで緑色になる．

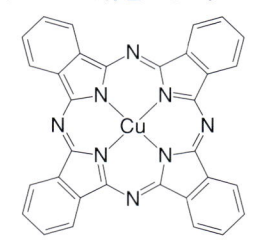

フタロシアニン銅錯体

12・1　錯体の色

　多くの錯体は鮮やかな色を示し，顔料として用いられているものもある．有機色素などと比べて耐光性が高いため，光による劣化が問題となる場所で利用される．この色は，錯体が可視領域の光を吸収することに起因する（図 12・1）．
　第 11 章で述べた錯体形成による電子の軌道エネルギー準位や電子配置が，錯体の発色機構に関係する．可視領域に加えて紫外領域や赤外領

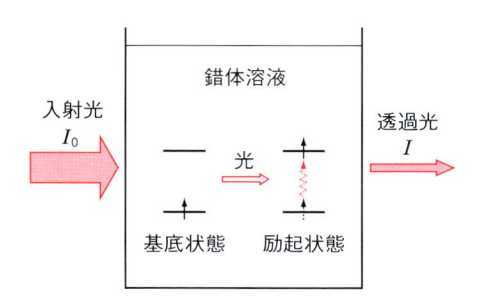

図 12・1　光の吸収による基底状態から励起状態への変化

域の一部にも，軌道のエネルギー準位間での電子遷移に起因する吸収帯が見られる場合がある．遷移のエネルギーは 300〜1200 nm の光が持つエネルギー程度の大きさであり，可視光領域にあることで色を示すことになる．吸収帯の**吸光係数**は電子遷移が起こる確率が高い場合に大きな値を示し，試料溶液の濃度で規格化した**モル吸光係数**（ε：mol^{-1} L cm^{-1}）を用いる．この大きさは電子遷移が起こる軌道の種類により異なる．

12・1・1 d-d 遷移吸収帯

中心金属の d 軌道は，配位子との間で結合が形成されることにより分裂する．図 12・2 は，6 配位八面体型錯体において考えられる，分裂した d 軌道間での遷移に基づいた吸収帯の発色機構である．この吸収帯のモル吸光係数は比較的小さい（1〜1000 mol^{-1} L cm^{-1}）．

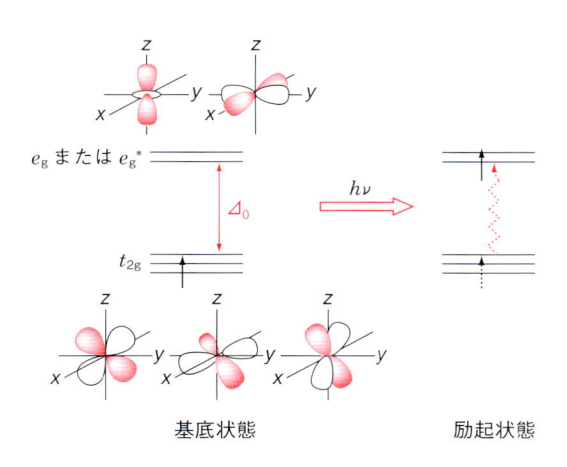

図 12・2　6 配位八面体型錯体の d-d 遷移

12・1・2 配位子吸収帯

広がった π 共役系を持つ配位子（ポルフィリン，フタロシアニン，ジイミンなど）では，配位子の軌道間での遷移が起こる．この吸収帯は配位子の分子軌道において π 軌道から π^* 軌道への遷移（π-π^* 遷移）に基づくもので，モル吸光係数は大きい（1000〜100000 mol^{-1} L cm^{-1}）．このような吸収帯は錯体を形成していない配位子のみでも観測され，錯体を形成することにより若干の変化が見られる．

12・1・3 電荷移動吸収帯

中心金属の dπ 軌道と配位子の π 軌道の間で相互作用が見られる場合に起こる遷移に基づく吸収帯である．中心金属から配位子への電荷移動

電磁波のエネルギー（E）は，振動数（ν）あるいは波長（λ）と次の関係がある．h はプランク定数，c は光の速度である．

$$E = h\nu = \frac{hc}{\lambda}$$

電磁波でヒトの目で認識できる波長領域はおおよそ 380〜800 nm である．

強度 I_0 の光が厚さ l の溶液（濃度 C）を透過した光の強度が I である場合に次の式が成り立つ．

$$\log_{10}\frac{I_0}{I} = A = \varepsilon C l$$

A を吸光度，ε を吸光係数という．C の単位が mol/L，l が cm の場合にモル吸光係数として mol^{-1} L cm^{-1} を用いる．

●発展学習●
吸収帯の種類と発色機構について調べよう．

MLCT：metal-to-ligand charge transfer
LMCT：ligand-to-metal charge transfer

による吸収帯を金属－配位子間電子移動（MLCT），逆に配位子から中心金属へのものを配位子－金属間電子移動（LMCT）という。モル吸光係数は比較的大きく（1000～10000 mol^{-1} L cm^{-1}），錯体の特徴的な鮮やかな色はこれによることが多い。

12・2　錯体の磁性

錯体では金属元素の d 軌道が完全に電子で満たされていないものがあり，d 軌道に不対電子が存在する。不対電子のスピンにより**磁気モーメント**（磁石のような性質）が現れる。錯体が磁場中に置かれることにより不対電子の磁気モーメントが揃い，磁石のような挙動を示す。錯体の磁性を測定することにより電子配置についての知見を得ることができる。

12・2・1　磁化率

○発展学習○
磁化率を測定する方法について調べよう。

錯体の磁気モーメントの大きさ M は，磁場の強度 H に比例する。このときの比例定数 χ を**磁化率**といい，その物質の磁気分極の起こりやすさを示すものである。物質の磁化率 $\chi > 0$ の場合を**常磁性**，$\chi < 0$ の場合を**反磁性**という。

$$M = \chi H$$

常磁性物質の磁化率は温度に反比例し，C は物質固有の定数である。
$$\chi = \frac{C}{T}$$

錯体の有効磁気モーメント μ_{eff}（単位 B. M.）は次の式で示される。

$$\mu_{\text{eff}} = 2.828\sqrt{\chi_\text{M} T}$$

したがって，磁化率 χ_M を測定で求めることにより有効磁気モーメントが求められる。錯体の磁気モーメント μ_{eff} は，全スピン角運動量 S との関係（**スピンオンリーの式**）で求められる値 μ_so に近くなり，不対電子数 n で示すことができる。

so はスピンオンリーの意味。

$$\mu_\text{so} = \sqrt{4S(S+1)} = \sqrt{n(n+2)}$$

磁化率から不対電子数を求めることができ，d 軌道の分裂状態，電子配置や錯体の構造がわかる。

12・2・2　強磁性相互作用と反強磁性相互作用

超伝導（超電導と表記することもある）磁石は超伝導体を用いた電磁石である。超伝導体は電気抵抗がなく発熱が少ないので，強力な磁力を生ずる。核磁気共鳴（NMR）やその画像法（MRI），磁気浮上式鉄道などに利用されている。

常磁性の物質の磁化率 χ は温度に反比例し，図 12・3（左）のような温度依存曲線を示すが，磁気モーメント間の相互作用によりこの曲線からずれる。磁気モーメントを平行に揃える作用により，ある温度（キュ

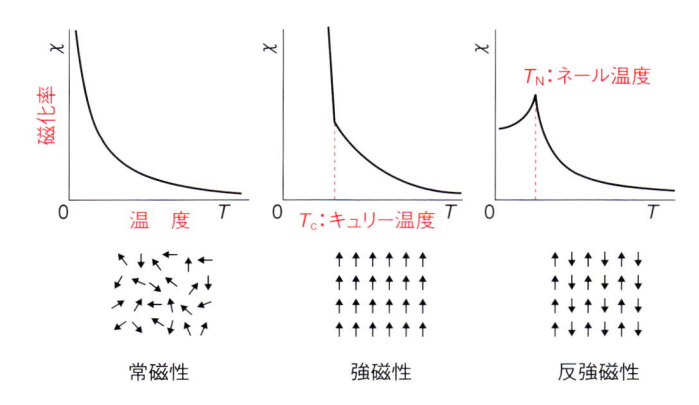

図 12・3 多結晶における不対電子の配列と磁化率 χ の変化

リー温度：T_C）以下で磁化率の急激な増大が見られる（強磁性相互作用）。反平行になると磁化率の減少が見られる（反強磁性相互作用，ネール温度：T_N）。機能性材料の開発を目指して，このような性質を示す化合物の研究が行われている。

12・3 錯体の生成

錯体の生成は中心金属に配位子となる分子やイオンが結合することにより起こり，これを**錯体生成**（**錯形成**）という。錯体生成の起こりやすさや錯体の安定性は，錯体の合成，反応や性質と関連している。

12・3・1 錯体生成反応と安定度

溶液中で中心金属と配位子が共存することにより錯体は生成する。組成が ML_n で示される錯体の錯体生成反応は，下式に示すように段階的な平衡反応と考えられる。

$$\mathrm{M} + \mathrm{L} \rightleftarrows \mathrm{ML} \qquad K_1 = \frac{[\mathrm{ML}]}{[\mathrm{M}][\mathrm{L}]}$$

$$\mathrm{ML} + \mathrm{L} \rightleftarrows \mathrm{ML}_2 \qquad K_2 = \frac{[\mathrm{ML}_2]}{[\mathrm{ML}][\mathrm{L}]}$$

$$\vdots$$

$$\mathrm{ML}_{n-1} + \mathrm{L} \rightleftarrows \mathrm{ML}_n \qquad K_n = \frac{[\mathrm{ML}_n]}{[\mathrm{ML}_{n-1}][\mathrm{L}]}$$

これらの平衡定数 $K_1, K_2, \cdots K_n$ は**逐次安定度定数**あるいは**生成定数**といわれる。$K_1, K_2, \cdots K_n$ の積は**全安定度定数** β_n という。

$$\beta_n = K_1 K_2 \cdots K_n = \frac{[\mathrm{ML}_n]}{[\mathrm{M}][\mathrm{L}]^n}$$

安定度定数が大きければ溶液中の錯体濃度が高く，錯体は安定であるという．中心金属や配位子の種類は錯体の安定性に影響を及ぼしている．

12・3・2 安定度に影響する要因

錯体の生成に中心金属と配位子の電荷の符号や大きさが影響することは，それぞれの化学種間に働く静電的な引力と反発力の関係から容易に想像できる．中心金属と配位子の符号が反対である場合や配位子の塩基性が強い場合には，安定な錯体を生成する．それぞれの電荷が大きく，サイズが小さいほど安定になる．

しかしながら，中心金属と配位子の間の静電的相互作用のみでは十分に説明できない場合もある．これらは錯体中の結合に関する理論で示した共有結合性（σ結合，π結合，11・4節，11・5節参照）を加味した考えと同様である．すなわち，d軌道に比較的多くの電子がある金属では，π結合を形成できる配位子と安定な錯体となる．

配位子の種類として，一つの配位子中の配位原子の数（単座，二座，三座，四座配位子など）が多くなるほど安定な錯体を生成する（**キレート効果**）．金属イオンの検出用**キレート試薬**として知られているエチレンジアミン四酢酸（図12・4）は，キレート効果により安定な錯体を形成することを利用した例である．また，キレート環の大きさ（員数），配位子のかさ高さや立体的障害なども関係がある．

● 発展学習 ●
キレート効果により安定な錯体を形成する配位子について調べよう．

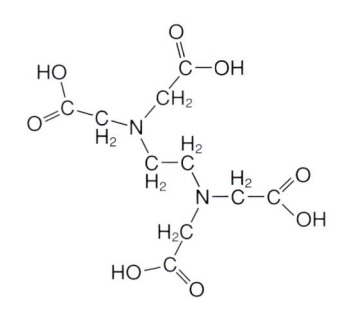

図12・4 エチレンジアミン四酢酸（EDTA）の構造

12・4 配位子置換反応

錯体に結合した配位子を別の配位子に換える反応を**配位子置換反応**という．多くの錯体合成や反応は，配位子置換反応により起こる．配位子置換反応の速度や機構には，中心金属の種類や電子の数，配置，スピン状態が影響する．

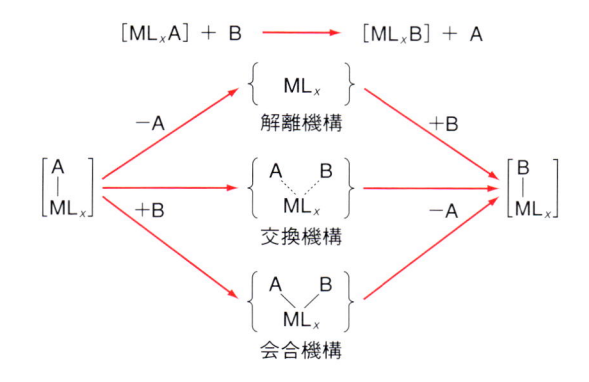

$$[ML_xA] + B \longrightarrow [ML_xB] + A$$

図 12・5　配位子置換反応の反応機構

12・4・1　反応機構

配位子置換反応の機構は大きく三つのタイプに分類される（図 12・5）。置換される配位子の中心金属－配位子間の結合が切断され配位数が一つ少ない中間体を経由して起こる**解離機構**（D 機構），新たな配位子と中心金属の結合形成により配位数が一つ多い中間体を経由して起こる**会合機構**（A 機構），これらの中間で結合切断と形成が同時に起こる**交換機構**（I 機構）である。

反応機構は切断される結合や新たに形成される結合の強さに影響される。4 配位正方平面型錯体ではほとんどが会合機構で起こることが知られている。6 配位八面体型錯体の反応では解離機構が多く見られるが，会合機構による置換反応も知られている。

D 機構：dissociative mechanism
A 機構：associative mechanism
I 機構：intercharge mechanism

12・4・2　トランス効果

4 配位正方平面型白金錯体における配位子置換反応の速度に関する研究で，反応部位のトランス位に位置する配位子の種類が置換反応速度に影響することが明らかになった。このような配位子の影響を**トランス効果**といい，中心金属と配位子間の σ 結合や π 結合を介した影響と考えられる。主な配位子のトランス効果の序列を図 12・6 に示す。トランス効

$$CO, CN^-, NO > H^-, PR_3 > NO_2^- > I^- > Cl^- > NH_3, py > OH^- > H_2O$$

図 12・6　配位子置換におけるトランス効果と異性体対の合成

シスプラチンと呼ばれる白金錯体（[PtCl$_2$(NH$_3$)$_2$]）は，生理活性金属錯体として知られている。抗がん剤として利用されている。

果の大きい配位子のトランス位置にある配位子がより置換しやすい。

トランス効果を利用して，原料に用いる白金錯体と置換する配位子を組み合わせることにより異性体の合成を行うことができる（図12・6）。同様な効果が6配位八面体型錯体においても見られる。

12・5 電子移動反応

錯体の中心金属は複数の酸化状態をとることができ，それぞれの酸化状態の安定性は配位子の種類や組み合わせにより決まる。また，錯体の反応性は中心金属の酸化状態に影響され，酸化状態の変化（酸化還元反応）を伴う反応は錯体の重要な特性の一つである。

錯体全体の酸化還元や錯体中の中心金属や配位子の酸化還元は，錯体間あるいは錯体内での電子移動反応といわれる。化合物中の電子は分子の結合に関与しているものがあり，これらの電子の移動によって結合の組み換えや構造的な変化などが起こる場合がある。

12・5・1 電子移動反応の機構

電子移動反応とは，電子供与体から電子受容体へと電子が移動することである。錯体における電子移動では，中心金属の**配位圏**（配位結合が形成される空間）を基準として反応機構が分類される（**図12・7**）。電子移動が配位圏の外を通して錯体間で起こる場合を外圏型反応といい，配位圏内で新たに形成された結合を介して起こる場合を内圏型反応という。外圏型反応では化学反応は起こらないが，内圏型反応では配位子置換などの化学反応を伴って電子移動が進行する。

サイクリックボルタモグラムからネルンストの式（6・2・3項参照）に基づいて酸化還元電位を求めることは有効であるが，錯体と電極の間での電子移動反応速度（電極反応の速度定数，電極面積当たりの速度：cm/s）が問題となる。極端に速度が遅い場合には注意が必要である。

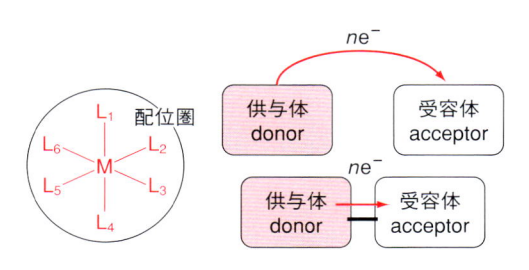

図12・7 錯体の電子移動反応機構（上：外圏型，下：内圏型）

12・5・2 酸化還元電位

電子供与体と電子受容体の間の電子移動反応では，それぞれの酸化されやすさと還元されやすさの差が重要である。化合物への電子の出入りのしやすさを示す尺度として**酸化還元電位**がある。酸化還元電位は，電

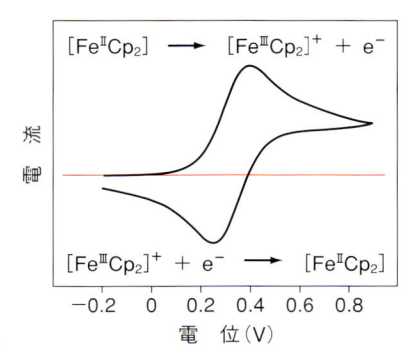

図12・8 [FeCp$_2$] のサイクリックボルタモグラム

Cp はシクロペンタジエニル：$C_5H_5^-$

極表面において酸化あるいは還元が起こる際に必要な電極電位として測定され，錯体の重要な物性の一つである。

錯体の電極表面における酸化還元反応は電気化学的手法により研究される。図12・8に，錯体化学においてしばしば用いられるサイクリックボルタンメトリーにより得られる [Fe^{II}Cp$_2$] の電位－電流曲線を示した。この手法により，錯体の酸化還元電位や酸化還元に続く化学反応の様子などを明らかにすることができる。

● この章で学んだ主なこと

- □ 1 錯体の鮮やかな色は，可視領域における軌道のエネルギー準位間での電子遷移に起因する。
- □ 2 電子遷移の起こる軌道により d-d 遷移吸収帯，配位子吸収帯，電荷移動吸収帯などに分類される。
- □ 3 錯体では中心金属の d 軌道における電子配置により磁気的性質が見られる。
- □ 4 磁化率から不対電子数が求められ，d 軌道の分裂状態や電子配置がわかる。
- □ 5 中心金属に配位子となる分子やイオンが結合することを錯体生成という。
- □ 6 安定な錯体の安定度定数は大きく，中心金属や配位子の種類が錯体の安定性に影響を及ぼしている。
- □ 7 配位子置換反応の速度や機構は中心金属の種類や性質に関係し，反応機構は解離機構，会合機構，交換機構に分類される。
- □ 8 配位子置換反応の反応速度に対して反応部位のトランス位に位置する配位子の種類が影響し，これをトランス効果という。
- □ 9 錯体の電子移動は，中心金属の配位圏を基準として外圏型反応と内圏型反応に分類される。
- □ 10 電子移動反応では，酸化される錯体と還元される錯体の酸化還元電位の差が重要である。

演習問題

1. 吸収極大波長が400 nm の吸収帯の遷移エネルギー（cm^{-1}）を計算せよ。

2. 光路長1 cm のセルで 3.00×10^{-3} mol/L の濃度の溶液について吸収スペクトルを測定した。入射光の95 % が吸収された場合のモル吸光係数を求めよ。

3. $[Co(NH_3)_6]^{3+}$ は反磁性の錯体である。この錯体の電子配置を示せ。

4. $[Fe(acac)_3]$ は高スピン型の6配位八面体型構造である。この錯体のスピンオンリーの式で計算される有効磁気モーメントを計算せよ。

5. Cu^{2+} にアンモニアが配位するときの逐次平衡定数 K_n（n はアンモニアの数）の対数は，それぞれ $n = 1$，2，3 で 4.25，3.61，2.98 である。それぞれの錯体の安定度定数を求めよ。

6. シスおよびトランス型の $[Pt(NO_2)_2(NH_3)_2]$ について，塩化物イオンによる置換反応を行ったときに生成する錯体について説明せよ。

7. コバルト錯体について置換反応の反応速度定数をまとめたものが下表である。この反応の機構について解説せよ。

$$[Co^{III}(NH_3)_5X]^{2+} + H_2O \underset{k_2}{\overset{k_1}{\rightleftarrows}} [Co^{III}(NH_3)_5(H_2O)]^{3+} + X^-$$

配位子 X	k_1/s^{-1}	k_2/s^{-1}
Cl^-	1.7×10^{-6}	2.1×10^{-5}
N_3^-	2.1×10^{-9}	1.0×10^{-4}
NCS^-	5.0×10^{-10}	1.6×10^{-5}

8. フェロシアン化カリウム（$K_4[Fe(CN)_6]$，Fe(II) と Fe(III) の間の酸化還元電位 0.36 V）を含む淡黄色水溶液にセリウム(IV) の塩（Ce(III) と Ce(IV) の間の酸化還元電位 1.61 V）を入れると溶液が黄緑色に変化した。このときに溶液中で起こる反応について説明せよ。

第 IV 部　錯体の化学

第 13 章

生物無機化学

● 本章で学ぶこと

　生物化学では化学物質の相関や生体関連物質の機能などを扱い，生体の大部分を占める有機化合物を分子レベルで扱う生物有機化学は早くから発展してきた。

　しかし，近年さまざまな微量分析法や測定技術の発展により，生体内に微量含まれる金属元素が重要な役割を担っていることが明らかになってきた。これにより，生体内での金属元素の機能と役割を研究する分野として生物無機化学が発展してきた。

　本章では生体内の金属元素の役割を理解し，生物無機化学と周辺領域の関わりについて見ていこう。

13・1　生体を構成する元素

　生体を構成する分子は，水を除くと大部分がタンパク質，アミノ酸，糖，核酸，ビタミン，コレステロールなどの有機化合物であることは，生体中の元素存在量から明らかである。

　表 13・1 は，人体中で存在が確認されている元素をその存在量の順番にまとめたものである。太赤字で示したものは生命維持に必須性が確認されている**必須元素**である。多量元素は全体の 98 ％ 以上であり，少量元素までを合わせると 99 ％ 以上にものぼる。生物無機化学で扱う金属

● 発展学習 ●
生体分子を構成する有機化学物質について調べよう。

表 13・1　人体中の元素

	元　素
多量元素	**O**，**C**，**H**，**N**，**Ca**，**P**
少量元素	**S**，**K**，**Na**，**Cl**，**Mg**
微量元素	**Fe**，F，Si，**Zn**，Sr，Rb，Pb，**Mn**，**Cu**
超微量元素	Al，Cd，Sn，Ba，Hg，**Se**，**I**，**Mo**，Ni，**Cr**，As，**Co**，V

太赤字はヒトにおいて必須性が確認されている元素。

元素は存在量としては極めて少ないが、それらの持つ役割は想像以上である。

13・1・1　多量元素

酸素，炭素，水素，窒素は生体分子の主要な構成元素である。カルシウムやリンは，リン酸カルシウム，炭酸カルシウムとして骨などに存在する。リンを含む重要な生体分子は核酸である。

13・1・2　少量元素

硫黄はアミノ酸として存在し，タンパク質を構成している。カリウム，ナトリウムは対をなして作用することが多い。タンパク質合成，細胞内外への水の輸送，情報伝達の機能を担う。塩素は塩酸として，胃において消化液に用いられる。マグネシウムは骨生成や酵素類の活性化において重要である。

13・1・3　微量元素および超微量元素

遷移金属元素である鉄，亜鉛，マンガン，銅，モリブデン，ニッケル，クロムなどは酵素やタンパク質中に多く含まれ，化学反応の触媒などとしての役割が重要である。微量元素や超微量元素は存在量が極めて少なく，それらの機能，役割について十分に解明されていないものもあり，さらなる研究が必要である。

> 骨格ミネラル（鉱物）はカルシウムを主要な元素（重量で20％以上）とし，リン酸カルシウム（アパタイト）の構造と似ている。生体のアパタイトはヒドロキシアパタイトの化学組成に近くなっている。

13・2　生命活動と無機化学

生体内での金属元素の量は極めて少量であるが，さまざまな元素がそれぞれの性質に応じた機能を有している。表13・2に必須元素の主な役割をまとめた。必須元素の欠乏は発育や機能の異常を起こし死に至ることもある。

金属元素が関与する生体内の反応において，金属イオンの酸化数，配

表13・2　必須元素の主な役割

元素		役割
典型元素	C, N, O, P, S, Cl	生体物質の主構造要素
	Na, K	構造の安定化，膜電位の制御，電荷の中和
	Mg, Ca	構造の制御，酵素の活性化，情報伝達
遷移金属元素	Cr, Mn, Fe, Cu, Mo, Co	酸化還元，電子伝達
	Fe	酸素運搬
	Zn, Mn, Fe	加水分解，酸・塩基反応

13・2・1　金属元素の酸化状態と配位構造

遷移金属元素は，金属錯体の特徴の一つである電子移動反応に見られるように，複数の酸化状態を取ることができる（12・5節参照）。酸化還元酵素において見られる金属元素ではこの傾向が強い（Mn，Fe：+2，+3，+4；Mo：+4，+5，+6）。生体中に存在する陰イオン，気体分子やアミノ酸が配位子となって錯体を形成している。Na^+やMg^{2+}は6配位構造であるが，イオン半径のより大きなK^+やCa^{2+}は6〜8配位構造をとる。遷移金属元素では中心金属と配位子のサイズにより4〜6配位構造をとり，配位子のかさ高さなどにより4配位構造でも四面体，正方平面型の立体配置となる。

20種類のアミノ酸が結合してタンパク質を構成している。構造によりそれぞれ酸性，中性，塩基性を示すものに分類できる。

13・2・2　生体分子への金属元素の取り込みと移動

表13・1で示した微量元素，超微量元素は生命維持に不可欠であり，それぞれに体内での最適な量がある。この量よりも多い場合には過剰症，少ない場合には欠乏症となり，さまざまな機能障害をもたらす。健常状態ではこれらの元素の濃度を常に一定に保つために摂食により取り込み，過剰分は排泄される。

外界と生体の間には生体膜があり，これを元素がさまざまな形で通過する。多くの金属イオンは特定のアミノ酸，ペプチド，タンパク質に結合して取り込まれ，輸送，貯蔵が行われていることが明らかになってきた。金属イオンへの結合部位としては，アミノ酸のNH_2基やCOO^-基，ペプチドのN末端NH_2基やペプチド基（$-CONH-$）のOやN，アミノ酸側鎖で配位可能な基（ヒスチジン，システイン，チロシンなど）である（図13・1）。

● 発展学習 ●
遷移金属元素が移動する際に配位子となる生体分子について調べよう。

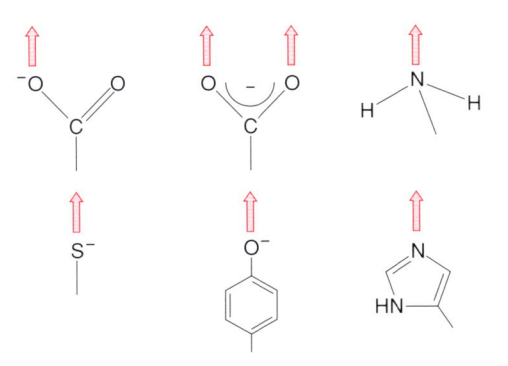

図13・1　生体分子と金属イオンの結合

⇑：配位結合

13・3　生体中の無機化合物

生体内反応を触媒する酵素のおよそ 30 % には，遷移金属が活性中心として機能していると考えられている．さまざまな研究により，それぞれの機能や作用機構などが明らかになりつつある．

13・3・1　鉄の化合物

鉄は微量元素の中で最も多く人体に含まれている元素である．鉄の化合物はその配位環境により，**ヘム鉄**と**非ヘム鉄**に大別される．

ヘム鉄は 4 個の窒素原子が平面型に環を作るポルフィリン環（図 13・2）を有し，環の置換基や鉄に配位した軸配位子の種類により異なる機能を持つ．ヘム鉄として酸素運搬・貯蔵を行うヘモグロビン，ミオグロビンや，酸化還元・電子伝達を行うシトクロムなどがある．

非ヘム鉄としては，アミノ酸残基のチオール（S^-），無機硫黄（S^{2-}）が配位した鉄－硫黄化合物（フェレドキシンなど，図 13・3）や，窒素（ヒスチジンイミダゾール），酸素（チロシンフェノール，アスパラギン酸カルボキシル）が配位した化合物などがある．

> ヘム鉄を有するヘモグロビン，ミオグロビンの酸素の吸・脱着機構，特性については詳細な研究がある．中心にある鉄の電子，スピン状態により酸素分子との親和性を制御している．

図 13・2　ポルフィリン環

> 鉄－硫黄化合物は，鉄と硫黄の数で 2Fe-2S，3Fe-4S，4Fe-4S と分類される．鉄の酸化状態が特徴的で，酸化還元が起こる主要な代謝系で電子の移動に役立っている．

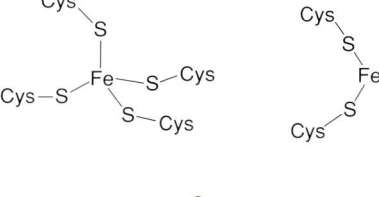

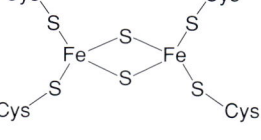

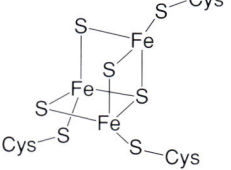

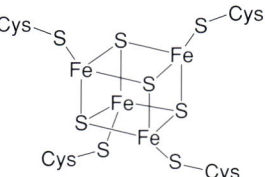

図 13・3　鉄－硫黄化合物　Cys：システイン

13・3・2　亜鉛の化合物

亜鉛は金属元素の中で鉄の次に多く人体に含まれている元素である．亜鉛の化合物は酵素の中に見られ，窒素（ヒスチジンイミダゾール），酸素（グルタミン酸カルボキシル），硫黄（システインチオール）および水分子が配位した 4 配位四面体型の構造をとるものが多い（図 13・4）．

亜鉛化合物は，構造保持と，加水分解などの酵素としての機能が知られている．酵素として作用する化合物では，一つの配座に配位している水分子が反応に対し重要な働きをしていると考えられる．

図 13・4　4 配位四面体型構造の亜鉛化合物

> 加水分解では，水が H と OH に分かれて生成物に取り込まれる．例えば，アミドが加水分解されるとカルボン酸とアミンが生成する．

13・3・3 その他の化合物

遷移金属元素を反応の中心とする化合物として，銅，マンガン，モリブデンやコバルトの化合物についても機能が明らかになってきている。銅の化合物については配位構造や分光学的特徴により三つのタイプに分類され（図 13・5），機能に応じて複数のタイプの銅化合物を組み合わせて構成されている。

マンガンやモリブデンの化合物は酸化還元の活性中心において見られる。コバルトの化合物として構造が明らかになっているビタミン B_{12}（図 13・6）がある。

● 発展学習 ●
ビタミンの役割について調べよう。

図 13・5 銅の化合物の分類
His：ヒスチジン
Cys：システイン

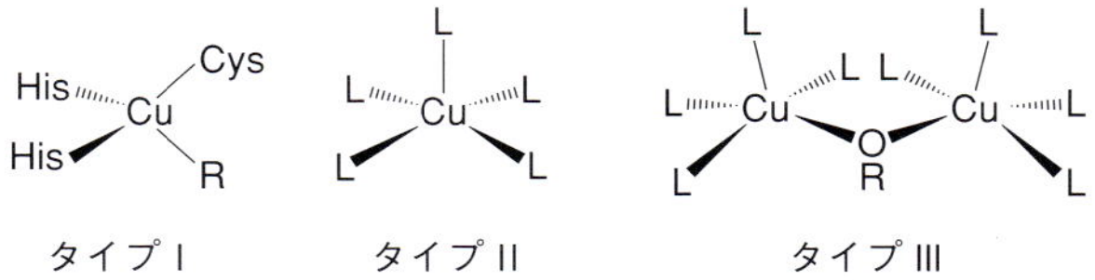

タイプ I　　タイプ II　　タイプ III

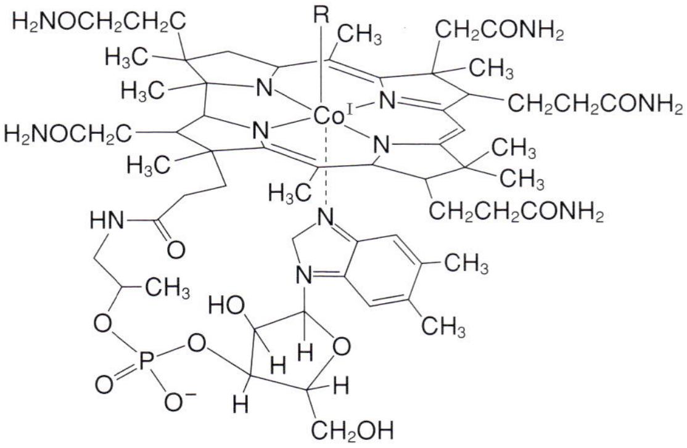

図 13・6 コバルトの化合物（ビタミン B_{12}，シアノコバラミン）

13・4 地球環境と無機化学

地球が誕生してから約 46 億年が経過しているとされ，この間に大気組成などの地球環境は変化している。原始大気は窒素，二酸化炭素と水蒸気であり，温度が下がるに従って水蒸気が水となり，地球上に水圏（海洋）ができたと考えられている。海洋にいろいろな成分が溶解し，太陽エネルギーにより原始生命が誕生した。

● 発展学習 ●
大気組成と生物の生命維持活動の関連について考えよう。

13・4・1 地球環境

地球環境を，地球上の生物を取り巻き影響を与える場と考えると，地

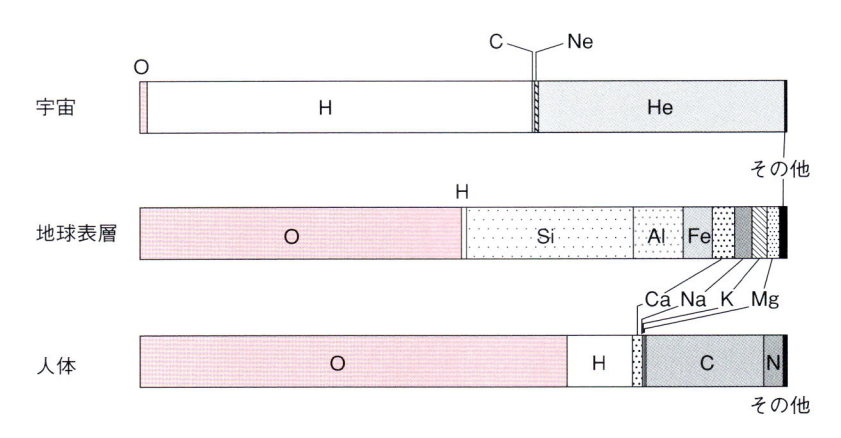

図 13・7 宇宙, 地球表面, 人体の元素組成

殻の表層部から大気まで（地球表層部）と見ることができる。主な物質形態により**気圏**, **水圏**, **地圏**（岩石圏）に分けられる。

地球表層部には酸素, ケイ素が圧倒的な量を占め, アルミニウム, 鉄, カルシウム, ナトリウムがこれらに続いて多い元素となる（図 13・7）。これは宇宙全体（水素とヘリウムが主成分）から見るとかなり特殊な状況である。さらに, 生物は多数の元素の中から炭素を選別して発生した。地球環境は生物の生命活動と深く関連し, 今日では人類が行う産業活動の影響が甚大である。

炭素は, 大気中ではほとんど二酸化炭素として存在し, 植物による光合成と海洋への溶解により大気中から移動する。動植物の呼吸, 腐敗・分解, 燃焼などのプロセスを経て大気中へ放出される。

13・4・2 物質循環

「物質循環」という言葉はもともと生態学で用いられ, 生体物質が環境から取り入れられ, 化合物の合成, 食物連鎖や腐食連鎖（生物圏）を通して再び環境へ戻る過程を意味していた（図 13・8 斜線矢印）。最近では, このような自然界の循環だけではなく, 人間活動における循環に対しても用いられるようになってきた（図 13・8 実線矢印）。

特定の化合物や元素に着目した循環として, 「水循環」, 「炭素循環」, 「窒素循環」, 「硫黄循環」, 「リン循環」などがあげられる。さらに, 地球環境との関連で, 資源, エネルギーや廃棄物の循環についても世界規模で議論されるようになっている。

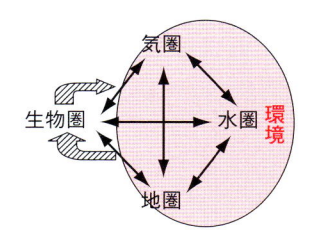

図 13・8 物質循環

窒素は酸化状態が広範囲（$-3 \sim +5$）であるため多種多様な化学形態をとり, 循環も複雑である。大気中では窒素分子（N_2）が大量に存在し, 生体分子としても多量に含まれている。アンモニア（NH_3）や硝酸イオン（NO_3^-）に変換されて循環する。

13・4・3 環境問題

自然はさまざまな変化に対して浄化・修復作用を持つが, 人類が行うさまざまな活動による負荷が大きい場合に影響が残る。環境問題として取りあげられているものに酸性雨, オゾンホール, 地球温暖化, 生物多様性の減少などがある。

日本でも諸外国と連携してこれらの問題に取り組み、「持続可能な循環型社会の構築」を目指している。キーワードとして「3R（スリーアール）」：廃棄物の削減"リデュース"，再使用"リユース"，再生利用"リサイクル"を提案している（図13・9）。

13・5　グリーンケミストリーと無機化学

グリーンケミストリーとは"環境に優しい化学"といった意味合いで，最近さまざまな分野において取り組みが行われている。化学者と化学産業界が安全に配慮し，生物を取り巻く環境への負荷が小さい化成品や製造プロセスの開発を目指している。

13・5・1　グリーン・サステイナブル ケミストリー

グリーンケミストリーの発端は，米国環境保護局が「人間の健康や環境に害のある原料，製品，副生成物の使用や生成を低減，使用を停止するために化学的技術で解決する手法」と定義したことである。

日本では1999年に産・官・学の化学関係者の集まりにおいて，より広い概念を含むものとして"グリーン・サステイナブル ケミストリー"（通称：グリーンケミストリー）を正式な名称とすることが決められた。

基本概念として「化学に関わるものは自らの社会的責任を自覚し，化学技術の革新を通して"人と環境の健康・安全"を目指し，持続可能な社会の実現に貢献する」としている。これらの目的で反応設計と実施のために12箇条があげられている。

温室効果ガスとは，大気圏で赤外線を吸収することで温度上昇をもたらす気体のことである。二酸化炭素を基準に温暖化係数が見積もられ（カッコ内），二酸化炭素 (1)，メタン (21)，一酸化二窒素 (310)，六フッ化硫黄 (23900)，ハイドロフルオロカーボン類 (150〜11700) などである。

図13・9　3R（スリーアール）（外務省パンフレットを元に改変）

Green and Sustainable Chemistry

グリーンケミストリーの12箇条

1. 廃棄物は"出してから処理"ではなく，出さない
2. 原料をなるべく無駄にしない形の合成をする
3. 人体と環境に害の少ない反応物，生成物にする
4. 機能が同じなら，毒性のなるべく小さい物質を作る
5. 補助物質はなるべく減らし，使うにしても無害なものを
6. 環境と経費への負荷を考え，省エネを心がける
7. 原料は，枯渇性資源ではなく再生可能な資源から得る
8. 途中の修飾反応はできるだけ避ける
9. できる限り触媒反応を目指す
10. 使用後に環境中で分解するような製品を目指す
11. プロセス計測を導入する
12. 化学事故につながりにくい物質を使う

13・5・2 環境負荷軽減を目指した取り組み

環境問題は全世界的にも最大の関心事であり，さまざまな取り組みが行われてきた．グリーンケミストリーの考え方が広まると共に，各国の環境行政も変遷している．

環境汚染物質の排出規制と処理に基づいた"環境保全"から，環境汚染を元から断ち"環境汚染の防止"を優先するようになってきた．国際的規模の会議として国連地球環境会議が1992年に開催され，国際純正応用化学連合 (IUPAC) でも部会を設置して，環境負荷軽減を目指した取り組みを行っている．

日本でも新エネルギー・産業技術総合開発機構 (NEDO)，地球環境産業技術研究機構 (RITE) を設立し，環境基本法や環境基本計画を策定するなどしている．産・官・学が協力してグリーンケミストリー連絡会を発足し，これがグリーン・サステイナブル ケミストリー ネットワークとして発展している．

13・5・3 低環境負荷な反応プロセスの開発

グリーンケミストリーの考えに基づいて，化合物の毒性や環境影響，反応の原料やタイプを考えた反応設計，および安全な分子や触媒設計を十分に検討し，有用な反応プロセスの開発が求められている．これに関連して，無機化学や生物無機化学分野においても，金属や金属イオンが関与する身近な現象や反応の解析，モデル反応の開発が行われている．

身近な環境負荷の小さい反応系は，自然界の生物そのものである．生体内でタンパク質や酵素などにより行われる反応は温和な条件で起こり，これらを工業的に応用することがまさに低環境負荷型の反応プロセスとなる．金属イオンが関与する酵素を利用した工業的プロセスとして，ニトリルヒドラターゼ (NHase) によるアクリルアミドの合成があげられる．これはシアノ基を含むニトリル化合物の解毒過程で起こる加水分解である (図 13・10 上の式)．この工業的プロセスは，改良された菌種を用いて pH 7.5～8.5，温度 0～5℃ という温和な条件下で行わ

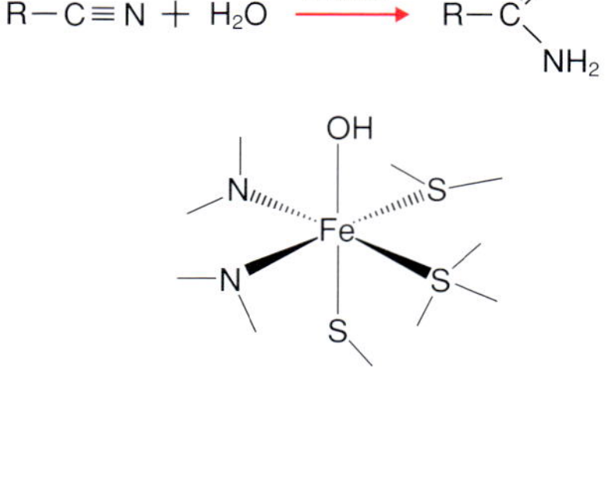

図 13・10 ニトリル加水分解反応と NHase の活性中心の構造